Control y verificación de productos fabricados

Francisco Javier Luque Romera

ic editorial

Control y verificación de productos fabricados
© Francisco Javier Luque Romera

1ª Edición

© IC Editorial, 2025

Editado por: IC Editorial
c/ Cueva de Viera, 2, Local 3
Centro Negocios CADI
29200 Antequera (Málaga)
Teléfono: 952 70 60 04
Fax: 952 84 55 03
Correo electrónico: iceditorial@iceditorial.com
Internet: www.iceditorial.com

ISBN: 978-84-1184-950-0
Depósito Legal: MA-1142-2025

Impresión: PODiPrint
Impreso en Andalucía – España

Nota de la editorial: IC Editorial pertenece a Innovación y Cualificación S. L.

Presentación del manual

El **Certificado de Profesionalidad** es el instrumento de acreditación, en el ámbito de la Administración laboral, de las cualificaciones profesionales del Catálogo Nacional de Cualificaciones Profesionales adquiridas a través de procesos formativos o del proceso de reconocimiento de la experiencia laboral y de vías no formales de formación.

El elemento mínimo acreditable es la **Unidad de Competencia.** La suma de las acreditaciones de las unidades de competencia conforma la acreditación de la competencia general.

Una **Unidad de Competencia** se define como una agrupación de tareas productivas específica que realiza el profesional. Las diferentes unidades de competencia de un certificado de profesionalidad conforman la **Competencia General**, definiendo el conjunto de conocimientos y capacidades que permiten el ejercicio de una actividad profesional determinada.

Cada **Unidad de Competencia** lleva asociado un **Módulo Formativo**, donde se describe la formación necesaria para adquirir esa **Unidad de Competencia,** pudiendo dividirse en **Unidades Formativas.**

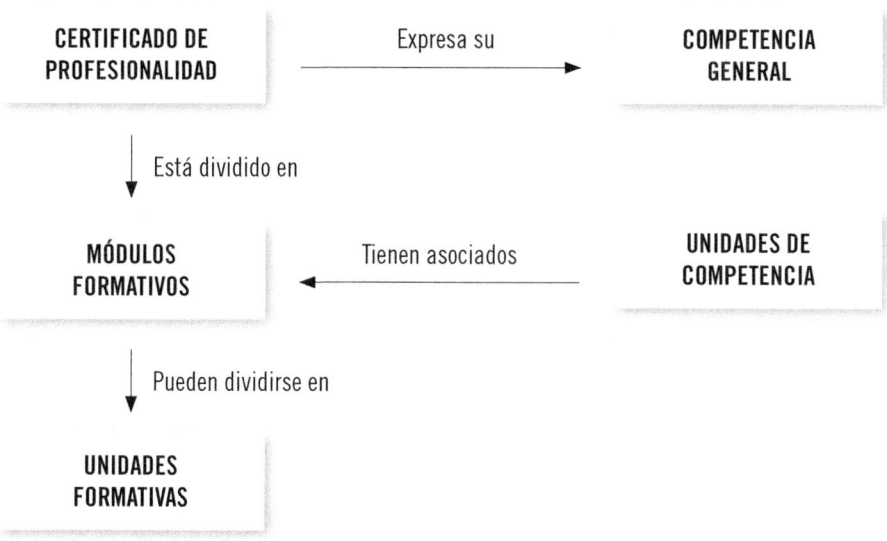

El presente manual desarrolla la Unidad Formativa **UF0443: Control y verificación de productos fabricados,**

perteneciente al Módulo Formativo **MF0087_1: Operaciones de fabricación,**

asociado a la unidad de competencia **UC0087_1: Realizar operaciones básicas de fabricación,**

del Certificado de Profesionalidad **Operaciones auxiliares de fabricación mecánica.**

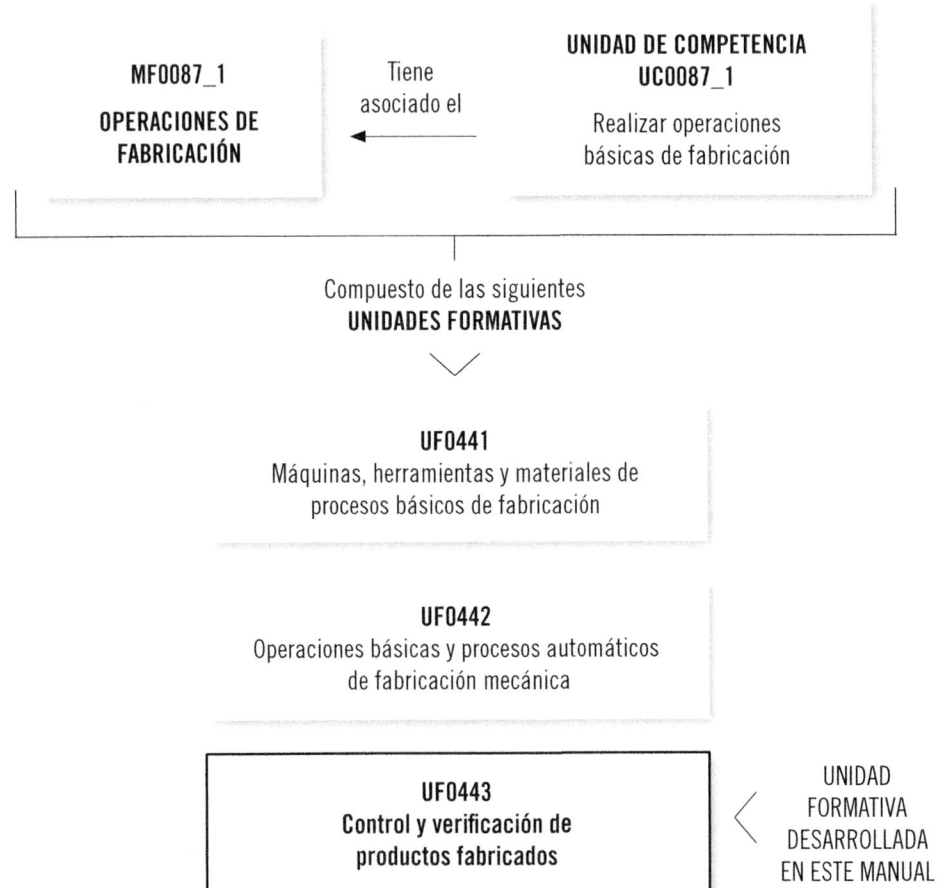

MF0087_1

OPERACIONES DE
FABRICACIÓN

Tiene
asociado el

UNIDAD DE COMPETENCIA
UC0087_1

Realizar operaciones
básicas de fabricación

Compuesto de las siguientes
UNIDADES FORMATIVAS

UF0441
Máquinas, herramientas y materiales de
procesos básicos de fabricación

UF0442
Operaciones básicas y procesos automáticos
de fabricación mecánica

UF0443
Control y verificación de
productos fabricados

UNIDAD
FORMATIVA
DESARROLLADA
EN ESTE MANUAL

FICHA DE CERTIFICADO DE PROFESIONALIDAD

(FMEE0108) OPERACIONES AUXILIARES DE FABRICACIÓN MECÁNICA (Real Decreto 1216/2009, de 17 de julio)

COMPETENCIA GENERAL: Realizar operaciones básicas de fabricación, así como, alimentar y asistir a los procesos de mecanizado, montaje y fundición automatizados, con criterios de calidad, seguridad y respeto al medio ambiente.

Cualificación profesional de referencia		Unidades de competencia	Ocupaciones o puestos de trabajo relacionados
FME031_1 OPERACIONES AUXILIARES DE FABRICACIÓN MECÁNICA (R. D. 295/2004 de 20 de febrero)	UC0087_1	Realizar operaciones básicas de fabricación	• 9700.008.4 Peones de la industria metalúrgica y fabricación de productos metálicos • 8414.007.8 Montador en líneas de ensamblaje de automoción • 9700.001.1 Peones de industrias manufactureras • Auxiliares de procesos automatizados
	UC0088_1	Realizar operaciones básicas de montaje	

Correspondencia con el Catálogo Modular de Formación Profesional

Módulos certificado	Unidades formativas	Horas
MF0087_1: Operaciones de fabricación	UF0441: Máquinas, herramientas y materiales de procesos básicos de fabricación	80
	UF0442: Operaciones básicas y procesos automáticos de fabricación mecánica	90
	UF0443: Control y verificación de productos fabricados	50
	UF0444: Preparación de materiales y maquinaria según documentación técnica	60
MF0088_1: Operaciones de montaje	UF0445: Montaje de conjuntos y estructuras fijas o desmontables	90
	UF0446: Operaciones de verificación y control de productos mecánicos	30
MP0095: Módulo de prácticas profesionales no laborales		40

Índice

Capítulo 1
Medición, ajustes y tolerancias

Contenido

1. Introducción

Para realizar cualquier medición es necesario conocer las unidades de medida y así poder determinar los valores de la medición correctamente, porque cualquier valor ha de ir unido a la unidad de medida correspondiente. El resultado de una medida lleva asociadas tres entidades: una magnitud, una unidad y una precisión o incertidumbre.

Existen dos formas de realizar las mediciones: directa o indirecta, siendo esta última llevaba a cabo por comparación. El tipo de medición realizado dependerá de la forma de tomar la medición, la cual irá ligada al instrumento de medida utilizado.

La normalización en dibujo técnico es fundamental. Es una forma de unificar criterios para que en todo el sector se sigan los mismos de forma que el resultado sea idéntico lo haga quien lo haga y donde lo haga.

Por otro lado, se explicarán los ajustes y las tolerancias, que son fundamentales para que la pieza u objeto diseñados y fabricados trabajen correctamente. Aunque el proyectista facilite unas medidas exactas, normalmente va a indicar también la tolerancia, ya que pueden existir pequeños márgenes de error, para señalar o determinar los márgenes permitidos para asegurar que la pieza funcionará correctamente.

Por último, se analizará la forma de indicar el acabado superficial sobre un plano. Este es un factor muy importante, ya que, en una época de alta competitividad, es necesario que los productos atraigan al comprador no solo funcionalmente, sino también de forma visual.

2. Unidades y equivalencias

La unidad es el elemento referente utilizado para medir las diferentes magnitudes físicas. Dicha unidad debe ser inalterable y universal.

 Definición

Metrología
Ciencia encargada de estudiar los diferentes sistemas de medida y las unidades empleadas para ello, así como los métodos y normas de los instrumentos de medición.

El Sistema Internacional de medida (SI) es el sistema de medición más utilizado a nivel mundial.

La unidad, generalmente, se representa gráficamente con una abreviatura o una letra que la define, en lugar de utilizar el nombre completo.

El Sistema Internacional de unidades consta de siete unidades básicas:

- Longitud: metro (m).
- Tiempo: segundo (s).
- Masa: gramo (g).
- Intensidad de corriente eléctrica: amperio (A).
- Temperatura: kelvin (K).
- Cantidad de sustancia: mol (mol).
- Intensidad luminosa: candela (cd).

A partir de estas unidades básicas, se pueden obtener el resto de las unidades, que serán unidades derivadas.

 Ejemplo

La unidad de fuerza es el newton (N) y tiene un nombre especial, pero se trata de una unidad derivada. **Fuerza (N) = masa (kg) · aceleración (m/s^2)**

Las unidades de medida tienen valores superiores e inferiores que se pueden utilizar de forma acorde con la magnitud que se está midiendo, se trata de múltiplos y submúltiplos. Por ejemplo, aunque la unidad básica de medida de longitud es el metro, existen unidades inferiores (submúltiplos), como los centímetros y los milímetros, que se utilizarán para medir piezas de pequeño tamaño. En cambio, se utilizarán unidades mayores (múltiplos), como el kilómetro, para medir grandes distancias.

 Recuerde

Las unidades de medida obtenidas se pueden expresar de diferentes formas, teniendo en cuenta la magnitud o el tamaño de la pieza.

Los prefijos de múltiplos básicos y sus equivalencias son:

■ Tera- (T-): 10^{12}.
■ Giga- (G-): 10^9.
■ Mega- (M-): 10^6.
■ Kilo- (k-): 10^3.
■ Hecto- (h-): 10^2.
■ Deca- (da-): 10.

Los prefijos de submúltiplos básicos y sus equivalencias son:

■ Deci- (d-): 10^{-1}.
■ Centi- (c-): 10^{-2}.
■ Mili- (m-): 10^{-3}.
■ Micro- (μ-): 10^{-6}.
■ Nano- (n-): 10^{-9}.
■ Pico- (p-): 10^{-12}.

Ejercicio práctico

Indique a cuántos metros equivalen tres megámetros y cómo se escribiría de forma abreviada.

SOLUCIÓN

Se escribiría como: 3 Mm.
3 Mm = $3 \cdot 10^6$ m = 3.000.000 m

Es decir, tres megámetros equivalen a tres millones de metros.

2.1. Equivalencias

A continuación, se va a describir las equivalencias de cada una de las unidades básicas del Sistema Internacional:

Metro

Un metro es la longitud de trayecto recorrido en el vacío por la luz durante un tiempo de 1/299.792.458 s.

Segundo

El segundo es la duración de 9.192.631.770 periodos de la radiación correspondiente a la transición entre los dos niveles hiperfinos del estado fundamental del isótopo 133 del átomo de cesio.

Kilogramo

Un kilogramo es una masa igual a la del cilindro de 39 mm de diámetro y de altura que se encuentra en la Oficina Internacional de Pesas y Medidas (BIPM = *Bureau Internacional des Poids et Mesures),* situada en Sèvres, en París, Francia.

Amperio

Un amperio es la intensidad de una corriente constante que, manteniéndose en dos conductores paralelos, rectilíneos, de longitud infinita, de sección circular despreciable y situados a una distancia de un metro uno de otro en el vacío, produciría una fuerza igual a $2 \cdot 10^{-7}$ Newtons por metro de longitud.

Kelvin

Un kelvin es la temperatura termodinámica correspondiente a la fracción 1/273,16 de la temperatura termodinámica del punto triple del agua.

Mol

Un mol es la cantidad de sustancia de un sistema que contiene tantas entidades elementales como átomos hay en 0,012 kg de carbono 12.

 Nota

Cuando se emplea el mol, es necesario especificar las unidades elementales, que pueden ser átomos, moléculas, iones, electrones u otras partículas o grupos especificados de tales partículas.

Candela

Una candela es la intensidad luminosa, en una dirección dada, de una fuente que emite una radiación monocromática de frecuencia $540 \cdot 10^{12}$ Hz y cuya intensidad energética en dicha dirección es 1/683 vatios por estereorradián.

3. Mediciones directas y por comparación

Se denomina medición a la comparación de una dimensión con otra de la misma especie, en la cual se toma a la primera como unidad o muestra.

 Ejemplo

Si, al medir una plancha de acero, se dice que tiene una anchura de 25 cm, significa que la longitud de ese ancho es veinticinco veces mayor que la unidad de longitud de anchura empleada, en este caso el centímetro.

La muestra utilizada para medir se denomina unidad de medida. Esta unidad de medida debe ser:

- **Inalterable:** ni la persona que realiza una medida ni el tiempo transcurrido pueden alterar esta unidad de medida.
- **Universal:** esta unidad de medida debe ser entendida y utilizada por igual en cualquier parte del mundo.
- **Sencilla:** debe ser fácil de reproducir.

 Ejemplo

Réplica del patrón nacional español del metro

Existe un patrón del metro internacional depositado en la Oficina Internacional de Pesas y Medidas de París. Este patrón, que representa un metro, está fabricado en platino iridiado para conseguir las características que ha de poseer cualquier patrón de este tipo.

Las medidas se pueden tomar de dos formas diferentes, de manera que la medición puede ser directa o indirecta, también llamada de comparación.

3.1. Medición directa

Es toda aquella medida tomada directamente de un instrumento de medición.

 Ejemplo

 Si se mide un tornillo con una regla, la medición de dicho tornillo se obtiene directamente de las particiones de la regla.

Los instrumentos con los que se obtienen las mediciones directas reciben el nombre de instrumentos de medición directa.

Los instrumentos de medición directa más utilizados en los procesos de fabricación mecánica son:

- Calibre o pie de rey.
- Micrómetro o palmer.
- Manómetro.
- Goniómetro.
- Regla.
- Metro.

3.2. Medición indirecta o por comparación

Existen casos en los que no es posible realizar una medición directa sobre un objeto porque este resulta demasiado grande, demasiado pequeño o presenta una alteración en su forma o estado, la cual no permite realizar esta medición.

En estos casos, se recurre a otros elementos para realizar medidas alternativas y así poder compararlas con la medida que se buscaba en un principio.

La medición por comparación consiste en determinar una magnitud comparándola con otra de valor conocido. Mediante el correspondiente aparato o equipo, se conseguirá obtener la desviación o diferencia de la pieza a medir respecto al patrón.

 Ejemplo

Medición indirecta sería la utilización de una escuadra para comprobar si una pieza tiene un ángulo de 90°.

Los instrumentos utilizados para realizar las mediciones indirectas o por comparación se conocen como instrumentos de medición indirecta.

Los elementos de medición indirecta más utilizados en los procesos de fabricación mecánica son:

- Reloj comparador o cuadrante.
- Escuadras.
- Peines de roscas.
- Galgas de espesores.
- Mármol de ajustador.

En los casos en los que se quiera medir una determinada pieza y se tome como instrumento un elemento de referencia de medida que posea ya en sí mismo una medida determinada, la medida obtenida se entiende como una medida por comparación.

4. Nomenclatura y selección de ajustes

El ajuste se puede definir como la relación mecánica existente entre dos piezas que encajan o se acoplan una en la otra para su funcionamiento.

 Definición

Ajuste
Relación resultante de la diferencia entre las dimensiones de dos piezas que han de ser ensambladas. Además, el ajuste es el juego que, como consecuencia de las medidas y tolerancias admitidas, existe entre dos piezas que se acoplan mutuamente.

Para determinar un ajuste es necesario conocer previamente la zona de tolerancia de un eje y un agujero, ya que lo que se va a determinar es el acoplamiento entre ambos.

Las tareas relacionadas con esta actividad pertenecen al campo de la mecánica de precisión.

Es importante tener en cuenta una serie de factores a la hora de realizar el ajuste de piezas:

- Material de la pieza.
- Función que va a desempeñar una vez fabricada.
- Temperatura de trabajo, para evitar y prever posibles dilataciones.
- Velocidad de funcionamiento.
- Tipo de lubricación que va a tener.

4.1. Tipos de ajuste

Se pueden diferenciar distintos tipos de ajuste en función de la manera en que funciona una pieza respecto a la otra.

Ajuste forzado o fijo

Una pieza se inserta en la otra mediante presión y durante su funcionamiento no tiene que sufrir ninguna movilidad o giro.

Existen distintos grados de ajustes forzados:

- Ajuste forzado muy duro: se produce por dilatación o contracción y las piezas no necesitan ningún seguro para evitar la rotación de una con respecto a la otra.
- Ajuste forzado duro: en este caso, las piezas son montadas a presión, pero además necesitan un seguro para evitar el giro de una pieza respecto a la otra.
- Ajuste forzado medio: el montaje y desmontaje de las piezas requieren un gran esfuerzo y es necesario un seguro que evite el giro y deslizamiento de las piezas.
- Ajuste forzado ligero: en este caso, el montaje y desmontaje de las piezas no requieren un gran esfuerzo y es necesario un seguro que evite el giro y deslizamiento de las piezas.

Ajuste deslizante o giratorio

La pieza se va a mover cuando esté insertada en la otra de forma suave, es decir, no tendrá apenas holgura. Para conseguir este tipo de ajuste, el margen de error en las tolerancias debe ser mínimo.

 **Nota**

En este tipo de ajustes es necesario que las piezas tengan una buena lubricación.

Ajuste holgado o móvil

La pieza se va a mover con respecto a la otra de forma libre. Dentro de este tipo de ajuste se encuentran incluidos aquellos en que el juego mínimo es igual a cero.

Existen dos grados dentro de los ajustes holgados:

- Ajuste holgado medio: las piezas pueden tener o no lubricación.
- Ajuste muy holgado: en este caso, la tolerancia será muy grande y las piezas tendrán mucho juego.

4.2. Juego de un ajuste

El juego (J) es la diferencia entre las medidas interior y exterior del acoplamiento entre un eje y un agujero.

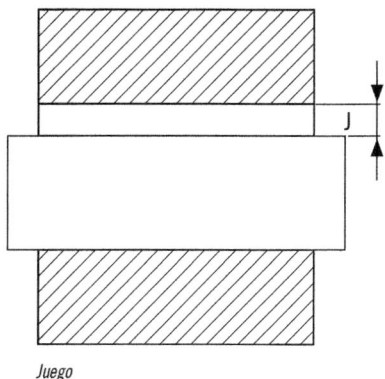

Juego

El **juego máximo** de un ajuste se define como la diferencia entre el valor máximo real de la cota de la pieza hembra o agujero y el valor mínimo real de la cota de la pieza macho o eje.

 Nota

Cuando se produce el acoplamiento o ajuste de una pieza con otra, una de ellas recibe el nombre de macho y la otra el de hembra.

▌ Las piezas macho corresponden a las que tienen dimensiones externas, como ejes, árboles de transmisión, chavetas, etcétera.
▌ Las piezas hembra son las que tienen las dimensiones donde se alojan las piezas macho, como agujeros, ranuras, etc.

Sin embargo, el **juego mínimo** de un ajuste se define como la diferencia entre el valor mínimo real de la cota de la pieza hembra o agujero y el valor máximo real de la cota de la pieza macho o eje.

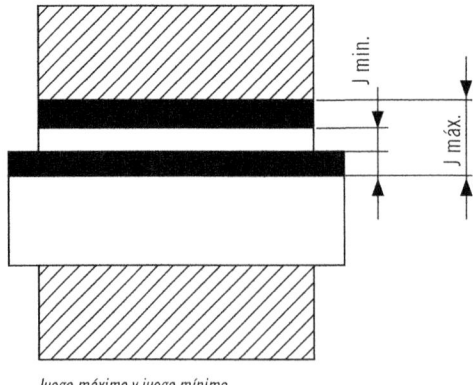

Juego máximo y juego mínimo

La **tolerancia de juego** (TJ) es la diferencia entre el juego máximo y el juego mínimo.

Importante

La tolerancia de juego debe coincidir con la suma de las tolerancias del eje y del agujero.

En los ajustes holgados deslizantes y giratorios, el juego mínimo es siempre positivo, es decir, superior a cero. Sin embargo, en los ajustes forzados, tanto el juego mínimo como el máximo son siempre negativos, es decir, inferiores a cero.

4.3. Nomenclatura y sistemas de ajuste

Para ajustar el acople de un eje con un agujero se puede hacer de dos formas distintas: ajustando el agujero o ajustando el eje.

Ejemplo

Si hay que fabricar unos ejes con unos casquillos, el procedimiento a seguir podría ser hacer todos los ejes de la misma medida y ajustar los casquillos o viceversa.

Existen dos sistemas para nominar los ajustes: sistema de agujero único o agujero base y sistema de eje único o eje base. No obstante, también se puede dar el sistema mixto.

Sistema de agujero único o agujero base

En este sistema, para cualquier ajuste de medida mínima del agujero se toma como referencia la cota nominal. Su diferencia inferior es igual a cero y se indica con la letra "H". Los ejes correspondientes se fabricarán mayores o menores para ajustarse al juego deseado.

La letra de la tolerancia que corresponda a la letra del eje determinará fácilmente el tipo de ajuste. En ejes con letra de la "a" a la "h", el ajuste será deslizante. En ejes con letra de la "j" a la "z", el ajuste será forzado.

Agujero base

Nota

Los ejes se designan con letras minúsculas y los agujeros, con letras mayúsculas.

Este sistema es el más utilizado en la industria moderna para fabricación de motores y máquinas, por ejemplo. Esto se debe a que resulta más fácil y menos costosa, desde el punto de vista económico, la mecanización de un eje que la de un agujero.

Sistema de eje único o eje base

En este sistema, para todo tipo de ajuste, se hace coincidir la medida máxima del eje con la cota nominal. Su diferencia es superior a cero y tiene como referencia la cota nominal, indicada con la letra "h".

En este caso, los agujeros deben ser mayores o menores para formar el ajuste deseado. Es decir, se fija la posición del eje en situación "h" y se varía la zona de tolerancia del agujero.

Si el acoplamiento se produce entre un eje "h" y un agujero correspondiente a una letra de la "A" a la "H", el ajuste será deslizante u holgado. Si el ajuste se produce entre un eje "h" y un agujero con letra entre la "J" y la "Z", el ajuste será forzado.

Eje base

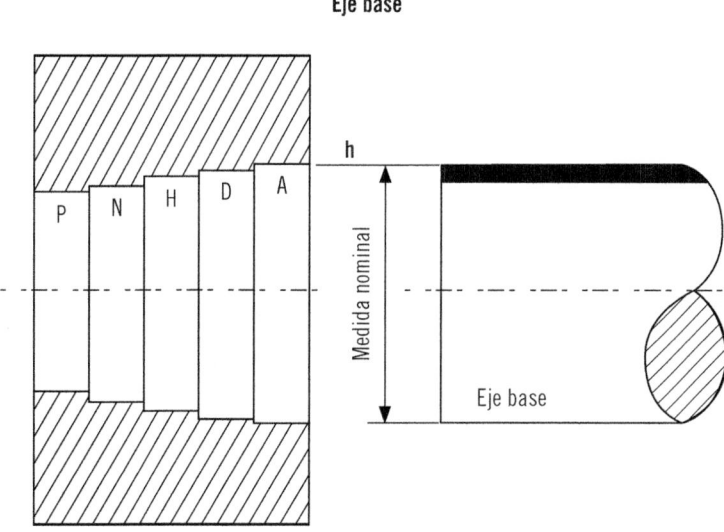

El sistema de eje único o eje base es el menos utilizado, por la complejidad que supone mecanizar un agujero.

Sistema mixto

Se utiliza en los casos en que no se pueda mecanizar un eje o un agujero lo suficiente debido a que quedaría con un espesor demasiado débil para el trabajo que va a desempeñar. En este tipo de sistema se mecanizan el eje y el agujero.

 Nota

Hay que destacar que este sistema es el menos aconsejado, debido a que multiplica el trabajo a realizar y los costes del producto.

A continuación, se presenta una tabla con las aplicaciones más comunes en ajustes de ejes y agujeros.

Agujero base	Eje base		Características del asiento	Ejemplo
H8	x8		Prensado duro	Coronas de bronce, ruedas
H8	u8		Montaje a prensa No necesita seguro	
H7	s6		Prensado. Montaje a prensa	Piñón motor
H7	n6		Prensado ligero. Necesita seguro	Engranajes de máquinas
H7	n6		Muy forzado. Montaje a martillo	Casquillos especiales
H7	k6		Forzado. Montaje a martillo	Rodamientos a bolas
H7	j6		Forzado ligero. Montaje a mazo	Rodamientos a bolas
Agujero base	**Eje base**		**Características del asiento**	**Ejemplo**
H7	h6		Deslizante con lubricación	Ejes de lira

Continúa en página siguiente >>

<< Viene de página anterior

Agujero base	Eje base	Características del asiento		Ejemplo
H8	h9		Deslizante sin lubricación	Ejes de contrapunto
H11	h9		Deslizante. Ajuste corriente	Eje de colocaciones
H11	h11		Deslizante. Ajuste ordinario	Ejes-guías atados
H7	g6	G7	h6	Giratorio sin juego. Apreciable	Embolos de freno
H7	f7	F8	h6	Giratorio con poco juego	Bielas, cojinetes
H8	f7	F8	h9	Giratorio con juego	Bielas, cojinetes
H8	e8	E9	h9	Giratorio con gran juego	Cojinetes corrientes
H8	d9	D10	h9	Giratorio con mucho juego	Soportes múltiples
H11	c11	C11	h9	Libre (con holgura)	Cojinetes de máquinas agrícolas
H11	a11	A11	h11	Muy libre	Avellanados, taladros de tornillos

5. Normativa básica sobre acotación, tolerancias y simbología

En este apartado serán tratados los puntos clave para la correcta acotación de un plano junto a las tolerancias y simbología que deben ser utilizadas. Para ello, será utilizada la norma española UNE-EN ISO 129-1:2019.

5.1. Normalización

No basta con que el dibujo de una pieza sea claro y comprensible para el proyectista, sino que es indispensable que su ejecución sea tal que cualquier técnico encargado de su construcción o ensamblaje pueda interpretarlo. Considerando este aspecto, el dibujo técnico se ha de representar en un lenguaje universal que sirva tanto para el dibujante como para los técnicos de producción.

Nota

Para alcanzar este resultado, tanto en la ejecución del dibujo como en la interpretación, es necesario estar sujetos a unas reglas muy precisas, de tal forma que, si se entregan dos piezas iguales a dos dibujantes distintos, ambos realicen el trabajo igual. Del mismo modo, si reciben en una planta de fabricación dos operarios distintos los dibujos antes mencionados, deben fabricar la misma pieza.

Este proceso solo es posible si la ejecución e interpretación del dibujo están sujetas a unas normas.

La **normalización** en el dibujo técnico establece las reglas que hay que seguir para confeccionar e interpretar un dibujo, de tal forma que personas ajenas a su elaboración puedan entenderlo igualmente. Dichas normas y reglas tienen las siguientes funciones:

- **Simplificar.** Son seleccionados los modelos útiles a seguir y se suprimen los modelos innecesarios. De esta forma, se pueden simplificar los métodos de trabajo.
- **Unificar.** Se fijan tamaños, tolerancias, etcétera, de manera que se permita la interoperabilidad entre distintas industrias y países.
- **Especificar.** Son definidos los productos y sus características para una mejor compresión e interpretación.

En definitiva, el concepto de normalización se refiere al establecimiento de unas normas consensuadas por todas las partes afectadas e interesadas.

El comité de unificación, cada vez que establezca nuevas normas, tendrá que tratar de que coincidan y concuerden con otras ya publicadas.

? Sabía que...

La normalización no se aplica en la investigación, debido a que conllevaría una limitación del progreso.

Los principios generales de representación del dibujo técnico industrial están recogidos en la norma ISO 128, que establece los principios y criterios para la presentación gráfica en el diseño técnico.

Esta norma ISO 128 regula lo referido a:

- Vistas.
- Líneas.
- Cortes y secciones.

Además, recoge los principios generales de representación.

Ventajas de la normalización

La normalización es el punto de partida para la calidad y, por tanto, si hay calidad, las ventajas son evidentes.

Entre las ventajas de la normalización, se pueden destacar las siguientes:

- Potencia la calidad de los productos, procedimientos y servicios.
- Mejora la calidad de vida y la protección del medioambiente.
- Fomenta la economía, la producción y el intercambio de productos, así como el comercio internacional.
- Facilita la comunicación entre partes afectadas de un mismo gremio, creando métodos para ser utilizados como referencia.
- Aumenta el rendimiento de la empresa.

Teniendo en cuenta estas ventajas, se ven afectados los siguientes grupos:

- Consumidores: protegiendo sus intereses y asegurando su calidad de vida.
- Empresas: facilitando la compra de materiales, reduciendo el utillaje y los instrumentos de fabricación gracias a la estandarización de medidas y, como resultado, aumentando su productividad.
- Comercio: mayor información sobre los productos, garantizando su calidad y eliminando barreras comerciales.

Formas de indicación de las tolerancias

En primer lugar, hay que destacar que la unidad para indicar una tolerancia siempre será la misma que designe su cota nominal.

 Nota

La desviación siempre debe expresarse con los mismos números decimales con los que se exprese la cota nominal.

Tolerancias indicadas en cifras

En función del tipo de medida que vaya a ser llevado a cabo, se deberá seguir un procedimiento distinto para la indicación de las tolerancias. Los tipos de cotas que serán estudiados son cotas lineales y cotas angulares.

Cotas lineales

Para indicar una tolerancia, esta tiene que comprender los valores de la cota nominal más su desviación (Fig. a). En el caso de que una desviación sea igual a 0, se indicará (Fig. b). Y en el caso de que la desviación coincida tanto positiva como negativamente, se indicará con el signo ± (Fig. c).

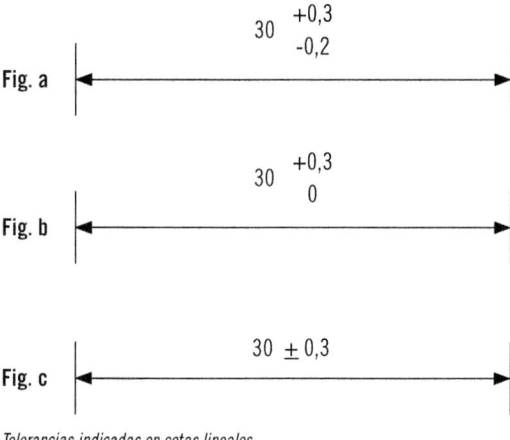

Tolerancias indicadas en cotas lineales

También se pueden indicar estas tolerancias insertando las medidas límites, tanto superior como inferior, de la cota nominal (Fig. d). Sin embargo, hay veces donde únicamente está limitada la medida en un sentido, bien puede ser en un valor máximo o en uno mínimo (Fig. e).

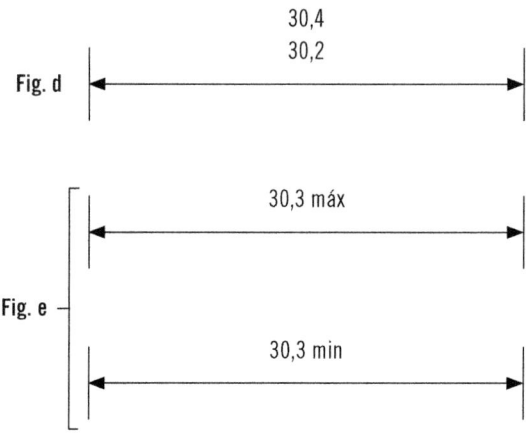

Tolerancias indicadas en cotas lineales

Cotas angulares

Se representan utilizando las mismas reglas que se emplean en las cotas lineales, a excepción de que hay que indicar la medida empleada, que, como norma general, son minutos, segundos o décimas de grado.

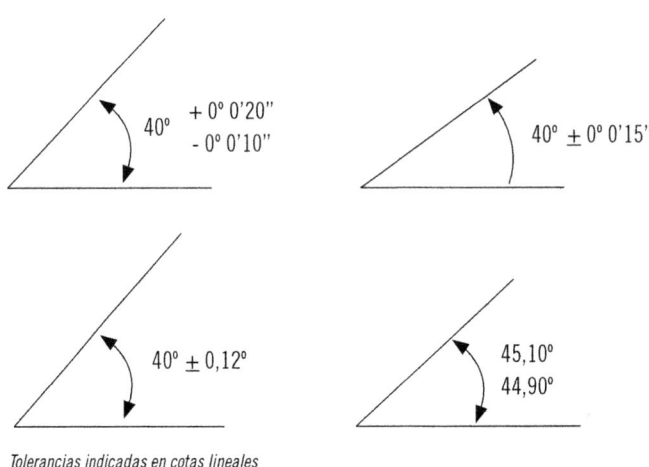

Tolerancias indicadas en cotas lineales

Tolerancias indicadas mediante símbolos ISO

El sistema ISO para la indicación de las tolerancias lineales está recogido en la norma UNE-EN ISO 286-1:2011.

 Recuerde

La normalización en el dibujo técnico establece las reglas que hay que seguir para confeccionar e interpretar un dibujo, de tal forma que personas ajenas a su elaboración puedan entenderlo igualmente.

La nomenclatura consta de varias partes. La primera numeración representa la medida nominal, el segundo símbolo es la letra que indica la posición de la zona de tolerancia respecto a la línea cero y el tercer número indica la calidad de la tolerancia.

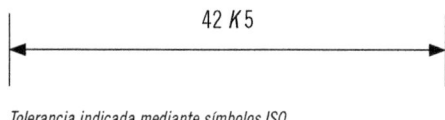

Tolerancia indicada mediante símbolos ISO

En los casos en que sea necesario indicar los valores de las diferencias o las medidas límites para una mayor claridad, se pondrán entre paréntesis después de la simbología ISO.

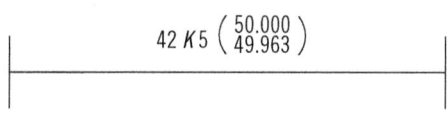

Tolerancia indicada mediante símbolos ISO

 **Recuerde**

Las tolerancias en la fabricación de piezas mecánicas dependerán del valor nominal de la pieza y del trabajo que va a desempeñar.

Además, está normalizada la indicación de la tolerancia, así como su posición respecto a los ejes y agujeros.

Tolerancias de un conjunto

La indicación de la tolerancia de un conjunto está recogida en la norma UNE 1120:1996.

En cuanto a ajustes, la utilización de la simbología ISO se puede representar de las dos formas indicadas en las siguientes figuras.

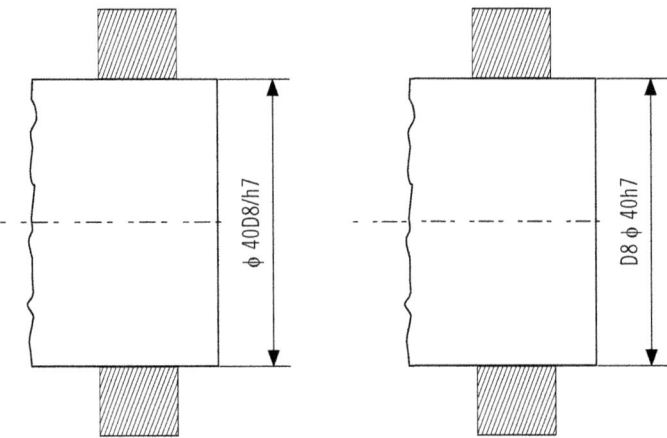

Símbolos ISO para ajustes de tolerancias de un conjunto

En el caso en el que sea necesario indicar los valores de tolerancia o de las desviaciones para mayor claridad de la representación, estos se anotarán entre paréntesis.

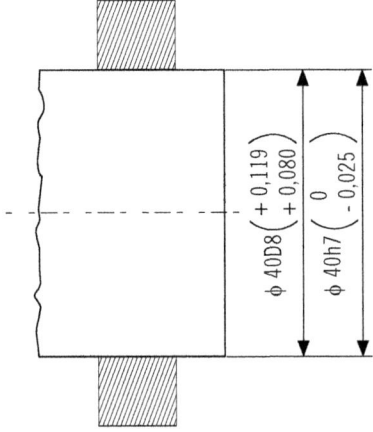

Valores de tolerancia

La representación de la tolerancia del conjunto también se puede realizar sin los símbolos ISO, de forma que queden bien diferenciadas la cota correspondiente al agujero y la cota correspondiente al eje.

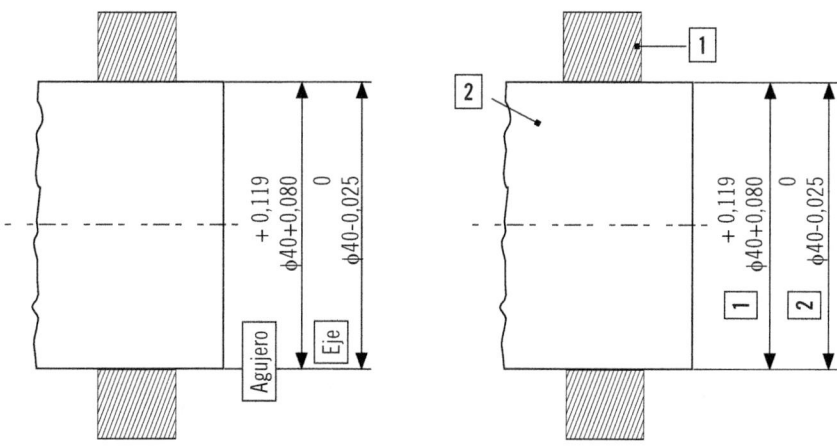

Representación de la tolerancia de un conjunto sin símbolos ISO

5.2. Tolerancias

En este apartado serán tratados los puntos clave para la correcta ejecución de las tolerancias en un plano, tanto de un único componente como de un conjunto completo. Para ello, será utilizada la norma ISO 129-1:2018.

Introducción y clasificación de las tolerancias

Generalmente, tanto las máquinas como otros elementos están fabricados o construidos a partir de una serie de piezas simples que van ensambladas para formar el todo. Para que estas encajen a la perfección y permitan el correcto funcionamiento del producto final, cada pieza debe fabricarse entre unos límites de dimensiones o tolerancias. El hecho de que los márgenes de tolerancia sean mayores o menores depende directamente de la fabricación y de la utilización de la pieza fabricada.

Los márgenes de tolerancia van a determinar un valor máximo y un valor mínimo de las dimensiones de la pieza.

Sabía que...

Cuanto menor es la tolerancia de una pieza, mayor coste supone su fabricación.

Existen unos cuadros de precisión o errores en los que, dependiendo de ciertos factores, se pueden ver las variaciones permitidas según un valor nominal.

Se pueden distinguir dos tipos de tolerancias:

- Tolerancias macrométricas: son las que se refieren a medidas, formas y posiciones que puede tener una pieza.
- Tolerancias micrométricas: son las que se refieren a la rugosidad superficial que puede tener una pieza.

Definición de conceptos

A continuación, se mencionan varios conceptos y definiciones sobre medidas y tolerancias que se aplican al dibujo industrial de fabricación mecánica y que es necesario conocer:

- **Medidas límites:** medidas extremas (ambas inclusive) teniendo en cuenta la tolerancia de fabricación que puede admitir la pieza.
- **Distancia o medida máxima ($d_{máx}$):** la mayor de las medidas límites.
- **Distancia o medida mínima ($d_{mín}$):** la menor de las medidas límites.
- **Tolerancia (T):** diferencia admisible entre la medida máxima y la mínima.

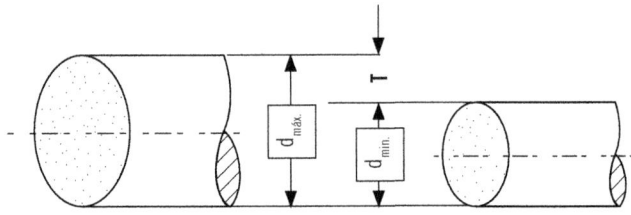

Distancias máxima y mínima y tolerancia

- **Medida nominal:** se emplea con fines de identificación y sirve para definir las medidas límite. Generalmente, suelen ser números enteros.
- **Línea de referencia o línea cero (LO):** medida que corresponde a la medida nominal y, por tanto, su diferencia es 0.
- **Medida práctica real o efectiva (Mr):** medida resultante de la medición de la pieza a una temperatura de 20 ºC.
- **Desviación superior (DS):** diferencia entre la medida máxima y la medida nominal.
- **Desviación inferior (Di):** diferencia entre la medida mínima y la medida nominal o constructiva.

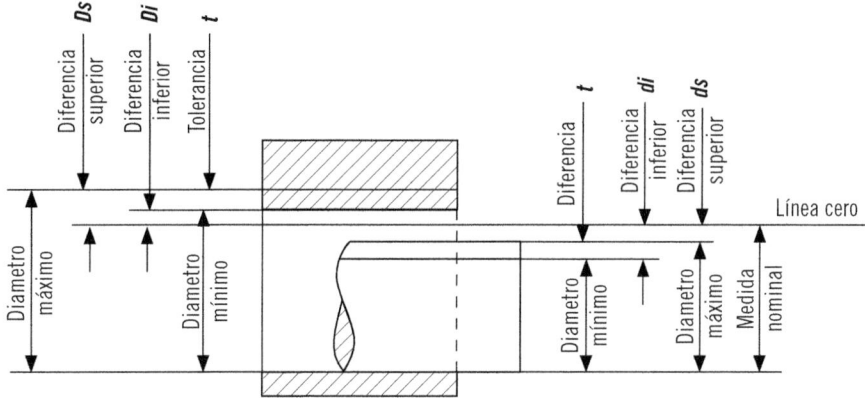

Medidas y tolerancias

- **Zona de tolerancia:** superficie comprendida entre las líneas de contorno de la medida máxima y la medida mínima.

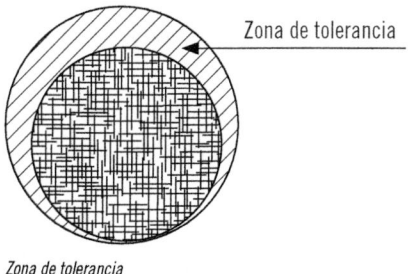

Zona de tolerancia

■ **Ajuste:** juego que existe entre el acoplamiento de dos piezas.

Factores que influyen en las tolerancias

La tolerancia depende del valor de la tolerancia y de la posición de la zona de dicha tolerancia con respecto a la línea de cero.

Valor de la tolerancia

El valor de la tolerancia es función de:

El valor de la cota nominal

No tiene la misma tolerancia una pieza que tenga una cota de 200 mm que otra con 50 mm.

Las normas ISO tienen establecidos 25 grupos de valores en los que la medida máxima nominal es de 500 mm.

Medidas nominales en mm																								
más de	0	3	6	10	14	18	24	30	40	50	65	80	100	120	140	160	180	200	225	250	280	315	355	400	450
hasta	3	6	10	14	18	24	30	40	50	65	80	100	120	140	160	180	200	225	250	280	315	355	400	450	500

El trabajo a desempeñar por la pieza

No puede tener igual tolerancia, por ejemplo, una pieza de un motor de un Fórmula 1 con respecto a la misma pieza en un vehículo utilitario, puesto que una está destinada a una mecánica de precisión y la otra a una mecánica de uso convencional.

Las normas ISO tienen establecido para cada grupo de medidas 20 calidades de tolerancias seguidas de un número que indica el grado de calidad.

Campos de aplicación de calidades ISO																				
Calidades	01	0	1	2	3	4	5	6	7	8	9	10	11	12	13	14	15	16	17	18
Campo de aplicación	Calibres y piezas de gran precisión						Piezas mecanizadas y ajustadas							Tolerancias de acabado para piezas no ajustadas						
			Calibres de trabajo				Construcción de máquinas							Piezas laminadas estiradas, forjadas o fundidas						

Ejemplo

"IT 6" significa ISO Tolerancia calidad 6.

A los valores que puedan tener las tolerancias dentro de una calidad se les llama **serie de tolerancias fundamentales** y se expresan en micras.

Medidas nominales mm	IT																		
	01	0	1	2	3	4	5	6	7	8	9	10	11	12	13	14	15	16	17	18
más de 1 hasta 3	0,3	0,5	0,8	1,2	2	3	4	6	10	14	25	40	60	100	140	250	400	600		
más de 3 hasta 6	0,4	0,6	1	1,5	2,5	4	5	8	12	18	30	48	75	120	180	300	480	750		
más de 6 hasta 10	04,	0,6	1	1,5	2,5	4	6	9	15	22	36	56	90	150	220	360	580	900	1500	
más de 10 hasta 18	0,5	0,8	1,2	2	3	5	8	11	18	27	13	70	110	180	270	430	700	1100	1800	2700
más de 18 hasta 30	0,6	1	1,5	2,5	4	6	9	13	21	33	52	64	130	210	330	520	840	1300	2100	3300
más de 30 hasta 50	0,6	1	1,5	2,5	4	7	11	16	25	39	62	100	160	250	390	620	1000	1600	2500	3900
más de 50 hasta 80	0,8	1,2	2	3	5	8	13	19	30	45	74	120	190	300	450	740	1200	1900	3000	4500
más de 80 hasta 120	1	1,5	2,5	4	6	10	15	22	35	54	87	140	220	350	540	870	1400	2200	3500	5600
más de 120 hasta 180	1,2	2	3,5	5	8	12	18	25	40	63	100	160	250	400	630	1000	1600	2500	4000	6300
más de 180 hasta 250	2	3	4,5	7	10	14	20	29	46	72	115	185	290	460	720	1150	1850	2500	4600	7200
más de 250 hasta 315	2,5	4	6	8	12	16	23	32	52	81	130	210	320	520	810	1300	2100	3200	5200	8100
más de 315 hasta 400	3	5	7	9	13	18	25	36	57	89	140	230	360	570	890	1400	2300	3600	5700	5900
más de 400 hasta 500	4	6	8	10	15	20	27	40	63	97	155	250	400	630	970	1550	2500	4000	6300	9700

Serie de tolerancias fundamentales

Ejercicio práctico

Halle la tolerancia que corresponde a una cota de 70 mm con calidad IT 8.

SOLUCIÓN

Se busca el grupo que contenga la medida de 70 en el lado izquierdo de la tabla, que corresponde al grupo entre 50 y 80 mm. Se selecciona la columna correspondiente de calidad 8. En la celda de intersección entre esa fila y esa columna, se encuentra la tolerancia que se busca. Fíjese en las indicaciones en la siguiente tabla para que le resulte más fácil comprobarlo.

Medidas nominales mm	IT																		
	01	0	1	2	3	4	5	6	7	8	9	10	11	12	13	14	15	16	17	18
más de 1 hasta 3	0,3	0,5	0,8	1,2	2	3	4	6	10	14	25	40	60	100	140	250	400	600		
más de 3 hasta 6	0,4	0,6	1	1,5	2,5	4	5	8	12	18	30	48	75	120	180	300	480	750		
más de 6 hasta 10	04,	0,6	1	1,5	2,5	4	6	9	15	22	36	56	90	150	220	360	580	900	1500	
más de 10 hasta 18	0,5	0,8	1,2	2	3	5	8	11	18	27	13	70	110	180	270	430	700	1100	1800	2700
más de 18 hasta 30	0,6	1	1,5	2,5	4	6	9	13	21	33	52	64	130	210	330	520	840	1300	2100	3300
más de 30 hasta 50	0,6	1	1,5	2,5	4	7	11	16	25	39	62	100	160	250	390	620	1000	1600	2500	3900
más de 50 hasta 80	0,8	1,2	2	3	5	8	13	19	30	45	74	120	190	300	450	740	1200	1900	3000	4500
más de 80 hasta 120	1	1,5	2,5	4	6	10	15	22	35	54	87	140	220	350	540	870	1400	2200	3500	5600
más de 120 hasta 180	1,2	2	3,5	5	8	12	18	25	40	63	100	160	250	400	630	1000	1600	2500	4000	6300
más de 180 hasta 250	2	3	4,5	7	10	14	20	29	46	72	115	185	290	460	720	1150	1850	2500	4600	7200
más de 250 hasta 315	2,5	4	6	8	12	16	23	32	52	81	130	210	320	520	810	1300	2100	3200	5200	8100
más de 315 hasta 400	3	5	7	9	13	18	25	36	57	89	140	230	360	570	890	1400	2300	3600	5700	5900
más de 400 hasta 500	4	6	8	10	15	20	27	40	63	97	155	250	400	630	970	1550	2500	4000	6300	9700

De este modo, se llega al resultado buscado. El valor que indica la tabla es 45. Por tanto, como está en micras, la tolerancia para esos datos es de 0,045 mm.

Posición de la zona de tolerancia respecto a la línea de referencia o línea cero

Se puede dar el caso en el que dentro de un grupo de calidad de tolerancia (por ejemplo IT 7) se fabrique una pieza en la cual la holgura sea la inmediata superior a la indicada en la tabla y ajuste perfectamente, pero sin juego alguno. Esto indica la necesidad de establecer la zona de tolerancia respecto a la línea de cero.

Posiciones de tolerancias

Cuando se indica la tolerancia de dos objetos que encajan entre sí, se emplea el término de eje para el macho y el de agujero para el hembra.

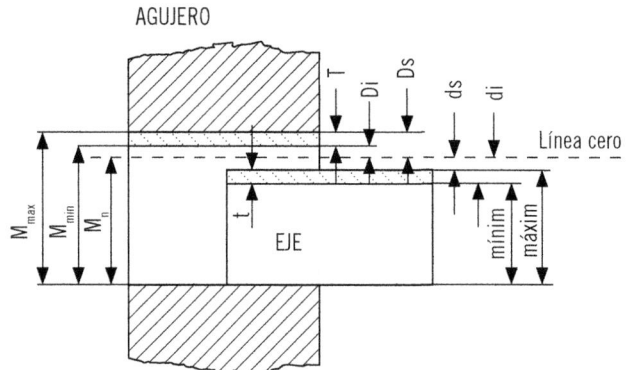

Representación esquemática de un acoplamiento eje-agujero

 Recuerde

Los ejes o machos se representan o nombran en minúscula y los agujeros o hembras en mayúsculas.

La norma ISO establece 27 posiciones de la zona de tolerancia de los ejes y agujeros respecto a la línea de 0, siendo el paso de las letras (h a j) para el caso de los ejes, o (H a J) para el caso de los agujeros, el que marca el uso de las diferencias superiores e inferiores para situar la zona de tolerancia.

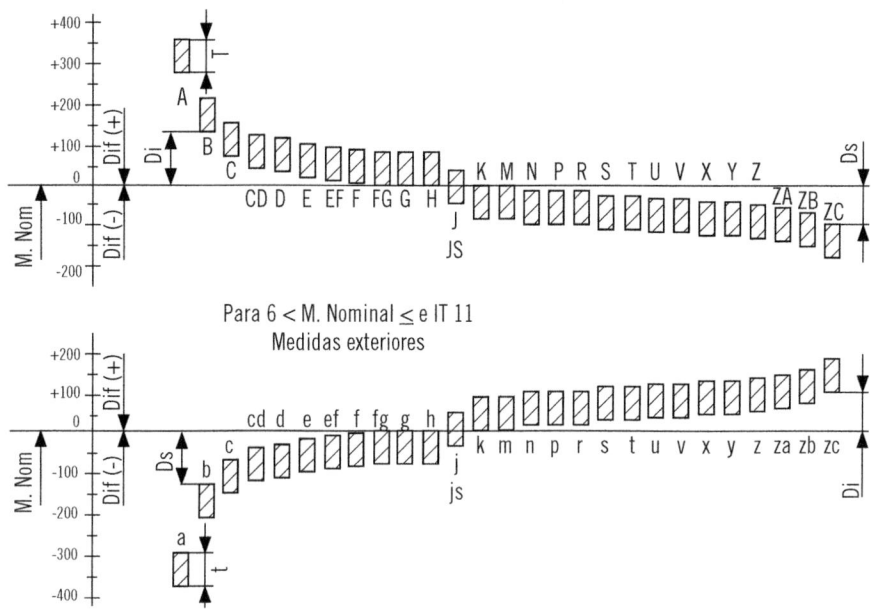

Posiciones de la zona de tolerancia según la norma ISO

 **Recuerde**

La línea de 0 o línea de referencia es la medida que corresponde a la medida nominal.

También existen unas tablas con los valores numéricos de la zona de tolerancia de cada letra, teniendo en cuenta si se trata de agujero o eje.

Posición	a	b	c	cd	d	e	ef	f	fg	g	h	j			k	
Calidad												5 y 6	7	8	>4 y ≤7	>4 y >7
Diferencia fundamental	Diferencia superior de											Diferencia inferior di				
m ≤ 3	-270	-140	-60	-34	-20	-14	-10	-6	-4	-2	0	-1	-4	-6	0	0
3 < m ≤ 6	-270	-140	-70	-46	-30	-20	-14	-10	-6	-4	0	-2	-4	-	+1	0
6 < m ≤ 10	-280	-150	-80	-56	-40	-25	-18	-13	-8	-5	0	-2	-5	-	+1	0
10 < m ≤ 14	-290	-150	-95	-	-50	-32	-	-16	-	-6	0	-3	-3	-	+1	0
14 < m ≤ 18																
18 < m ≤ 24	-300	-160	-110	-	-65	-40	-	-20	-	-7	0	-4	-8	-	+2	0
24 < m ≤ 30																
30 < m ≤ 40	-310	-170	-120	-	-80	-50	-	-25	-	9	0	-5	-10	-	+2	0
40 < m ≤ 50	-320	-180	-130													
50 < m ≤ 65	-340	-190	-140	-	-100	-60	-	-30	-	-10	0	-7	-12	-	+2	0
65 < m ≤ 80	-360	-200	-150													
80 < m ≤ 100	-380	-220	-170	-	-120	-72	-	-36	-	-12	0	-9	-15	-	+3	0
100 < m ≤ 120	-410	-240	-180													
120 < m ≤ 140	-460	-260	-200													
140 < m ≤ 160	-520	-280	-210	-	-145	-85	-	-43	-	-14	0	-11	-18	-	+3	0
160 < m ≤ 180	-580	-310	-230													
180 < m ≤ 200	-660	-340	-240													
200 < m ≤ 225	-740	-380	-260	-	-170	-100	-	-50	-	-15	0	-13	-21	-	+4	0
225 < m ≤ 250	-820	-420	-280													
250 < m ≤ 280	-920	-460	-300	-	-190	-110	-	-56	-	-17	0	-16	-26	0	+4	0
280 < m ≤ 315	-1050	-540	-330													
315 < m ≤ 355	-1200	-600	-360	-	-210	-125	-	-62	-	-18	0	-18	-28	-	+4	0
355 < m ≤ 400	-1350	-680	-400													
400 < m ≤ 450	-1500	-760	-400	-	-230	-135	-	-68	-	-20	0	-20	-32	-	+5	0
450 < m ≤ 500	-1650	-840	-480													

Diferencias fundamentales expresadas en micras aplicables a ejes. La posición js presenta una zona de tolerancia cuyo eje de simetría coincide con la letra cero. La notación "m" se refiere a la medida normal.

Aplicación práctica

Determine el significado de la siguiente cota: "Ø60D7".

SOLUCIÓN

Para empezar, se trata de un agujero, porque tiene la letra mayúscula. El diámetro es 60 mm y el índice de calidad es IT 7.

En primer lugar, hay que irse a la tabla de tolerancias, que es la que se observa a continuación, y hallar la tolerancia, del mismo modo que se hizo anteriormente. Se señala en la tabla la forma de llegar a la conclusión de que la tolerancia es de 30 micras.

Medidas nominales mm	IT																		
	01	0	1	2	3	4	5	6	7	8	9	10	11	12	13	14	15	16	17	18
más de 1 hasta 3	0,3	0,5	0,8	1,2	2	3	4	6	10	14	25	40	60	100	140	250	400	600		
más de 3 hasta 6	0,4	0,6	1	1,5	2,5	4	5	8	12	18	30	48	75	120	180	300	480	750		
más de 6 hasta 10	04,	0,6	1	1,5	2,5	4	6	9	15	22	36	56	90	150	220	360	580	900	1500	
más de 10 hasta 18	0,5	0,8	1,2	2	3	5	8	11	18	27	13	70	110	180	270	430	700	1100	1800	2700
más de 18 hasta 30	0,6	1	1,5	2,5	4	6	9	13	21	33	52	64	130	210	330	520	840	1300	2100	3300
más de 30 hasta 50	0,6	1	1,5	2,5	4	7	11	16	25	39	62	100	160	250	390	620	1000	1600	2500	3900
más de 50 hasta 80	0,8	1,2	2	3	5	8	13	19	30	45	74	120	190	300	450	740	1200	1900	3000	4500
más de 80 hasta 120	1	1,5	2,5	4	6	10	15	22	35	54	87	140	220	350	540	870	1400	2200	3500	5600
más de 120 hasta 180	1,2	2	3,5	5	8	12	18	25	40	63	100	160	250	400	630	1000	1600	2500	4000	6300
más de 180 hasta 250	2	3	4,5	7	10	14	20	29	46	72	115	185	290	460	720	1150	1850	2500	4600	7200
más de 250 hasta 315	2,5	4	6	8	12	16	23	32	52	81	130	210	320	520	810	1300	2100	3200	5200	8100
más de 315 hasta 400	3	5	7	9	13	18	25	36	57	89	140	230	360	570	890	1400	2300	3600	5700	5900
más de 400 hasta 500	4	6	8	10	15	20	27	40	63	97	155	250	400	630	970	1550	2500	4000	6300	9700

Continúa en página siguiente >>

<< Viene de página anterior

Ahora habrá que hallar la situación de la zona de tolerancia a través de la tabla adecuada, como puede apreciarse a continuación.

Posición	A	B	C	CD	D	E	EF	F	FG	G	H
Calidad					Todas las calidades						
Medida nominal					Diferencia superior Di						
m ≤ 3	+270	+140	+60	+34	+20	+14	+10	+6	+4	+2	0
3 < m ≤ 6	+270	+140	+70	+46	+30	+20	+14	+10	+6	+4	0
6 < m ≤ 10	+280	+150	+80	+56	+40	+25	+18	+13	+8	+5	0
10 < m ≤ 18	+290	+150	+95	-	+50	+32	-	+16	-	+6	0
18 < m ≤ 30	+300	+160	+110	-	+65	+40	-	+20	-	+7	0
30 < m ≤ 40	+310	+170	+120	-	+80	+50	-	+25	-	+9	0
40 < m ≤ 50	+320	+180	+130								
50 < m ≤ 65	+340	+190	+140	-	+100	+60	-	+30	-	+10	0
65 < m ≤ 80	+360	+200	+150								
80 < m ≤ 100	+380	+220	+170	-	+120	+72	-	+36	-	+12	0
100 < m ≤ 120	+410	+240	+180								
120 < m ≤ 140	+460	+260	+200								
140 < m ≤ 160	+520	+280	+210	-	+145	+82	-	+43	-	+14	0
160 < m ≤ 180	+580	+310	+230								
180 < m ≤ 200	+660	+340	+240								
200 < m ≤ 225	+740	+380	+260	-	+170	+100	-	+50	-	+15	0
225 < m ≤ 250	+820	+420	+280								
250 < m ≤ 280	+920	+480	+300	-	+190	+110	-	+56	-	+17	0
280 < m ≤ 315	+1050	+540	+330								
315 < m ≤ 335	+1200	+600	+360	-	+210	+125	-	+62	-	+18	0
335 < m ≤ 400	+1350	+680	+400								
400 < m ≤ 450	+1500	+760	+440	-	+230	+135	-	+68	-	+20	0
450 < m ≤ 500	+1650	+840	+480								

Diferencias fundamentales expresadas en micras aplicables a agujeros. La posición Js presenta una zona de tolerancia cuyo eje de simetria coincide con la letra cero.

Continúa en página siguiente >>

<< Viene de página anterior

Hay que ir a la letra D y al diámetro de 60 mm. De este modo, se llega a la conclusión de que el valor de la diferencia inferior es de +100 micras. Por lo tanto, el valor límite superior será de (30 + 100) micras = 130 micras.

Tolerancias geométricas

Se puede dar el caso en que, en piezas de gran precisión, la especificación de la tolerancia dimensional no sea suficiente para determinar el correcto ensamblaje de dos piezas.

Una tolerancia dimensional delimita el paralelismo y la planicidad, pero no define suficientemente una desviación geométrica.

 Nota

La zona de tolerancia geométrica de un objeto (superficie, eje, etcétera) se puede definir como la zona dentro de la cual debe estar contenido dicho objeto.

En la fabricación de una pieza, se pueden dar irregularidades geométricas: de forma y de posición.

A continuación, se indican algunos ejemplos de irregularidades que pueden ser correctos desde el punto de vista dimensional y, sin embargo, no permiten su ensamblaje correctamente.

Irregularidades geométricas

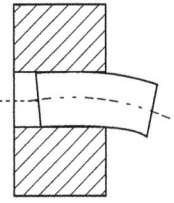
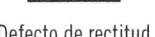
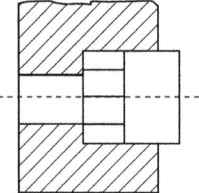
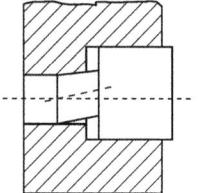

Defecto de rectitud   Defecto de coaxialidad   Defecto de perpendicularidad

La **tolerancia de forma** indica la máxima diferencia admisible entre la pieza real y la ideal.

La **tolerancia de posición** señala la máxima diferencia permitida en la situación de elementos, como pueden ser ejes de simetría, centros de taladro, etcétera.

La utilización de tolerancias geométricas evita la indicación en un dibujo de aclaraciones, como pueden ser "superficie plana o superficie paralela", evitando errores de interpretación. Además, utiliza una simbología normalizada, con lo que puede ser interpretada por cualquier técnico. Además de la simbología, las indicaciones en el dibujo se inscriben dentro de dos o tres recuadros que se rellenan con los siguientes datos de izquierda a derecha:

- Símbolo de la tolerancia.
- Valor de la tolerancia.
- Elemento de referencia (en el caso que exista).

TIPO DE TOLERANCIA	CARACTERÍSTICAS	SÍMBOLO
Forma	Rectitud	—
	Planicidad	▱
	Redondez	○
	Cilindridad	⌭
	Forma de una línea	⌒
	Forma de una superficie	⌓
	Paralelismo	//
	Perpendicularidad	⊥
	Inclinación	∠
Situación	Posición	⊕
	Concentricidad y coaxialidad	◎
	Simetría	≡
Oscilación	Circular	↗
	Total	↗↗

Símbolos para la indicación de las tolerancias geométricas

∠ 0,1   // 0,4 A   ⊕ ⌀ 0,2 A B

Algunos ejemplos de indicaciones en recuadros de tolerancia

La indicación de tolerancia se debe de unir mediante una línea terminada en flecha, teniendo en cuenta los siguientes aspectos:

■ La punta debe aparecer apoyada en el contorno o en su prolongación, pero nunca sobre la línea de cota.

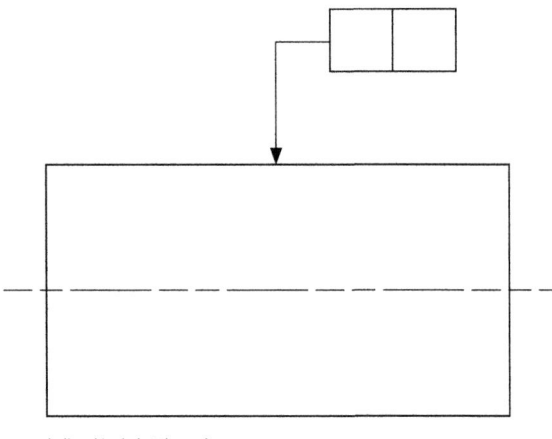

Indicación de la tolerancia

■ En el caso en que se trate de un eje o plano medio a pie de pieza, se indicará sobre la proyección de la línea de cota.

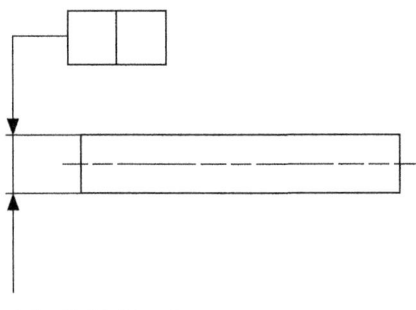

Indicación de la tolerancia

■ En el caso en que se refiera a un eje o plano medio de todos los elementos comunes a este plano o eje, se indicará sobre el eje.

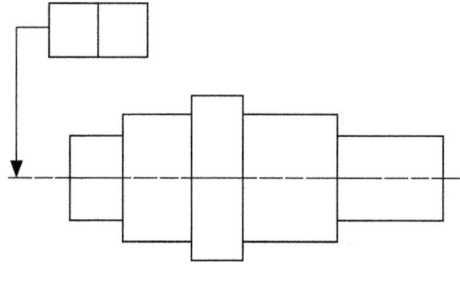

Indicación de la tolerancia

 Nota

En los casos en los que la especificación de una tolerancia dimensional no sea suficiente, se deberá utilizar el sistema de representación de tolerancia geométrica.

5.3. Simbología de acabados

Antiguamente, el acabado jugaba un papel secundario a la hora de la fabricación de piezas mecánicas, ya que lograr una buena apariencia en una pieza fabricada artesanalmente necesitaba mucha dedicación, con el consiguiente encarecimiento del producto.

En la actualidad, al acabado se le da un papel primordial en la mayoría de los casos, ya que el nivel de exigencia desde un punto de vista estético suele ser decisivo a la hora de comprar dos productos similares.

? Sabía que...

El acabado de una pieza puede ser decisivo para su aceptación o no aceptación por parte del consumidor, independientemente de que la pieza desempeñe su función correctamente.

El acabado de una pieza se puede realizar por varios motivos, como pueden ser, entre otros, los que se describen a continuación.

Estético

Es el más usual, ya que repercute directamente sobre la decisión del producto. Un producto con una buena terminación crea una sensación de calidad, mientras que un producto sin buena terminación puede dar lugar a una interpretación de mala calidad, aunque los dos sean perfectamente útiles para el trabajo que van a desempeñar.

Limpieza

Una superficie lisa es más fácil de limpiar y acumula menos suciedad que una superficie rugosa.

Tolerancia de alta precisión

Se puede dar el caso en el que a dos piezas que tengan que ajustar perfectamente se les aplique un acabado o pulido con el fin de ajustar su tolerancia u holgura lo máximo posible.

Propiedades superficiales

Algunas piezas u objetos deben tener una dureza superficial que aumente su resistencia.

Ejemplo

Es el caso de los elementos internos de un motor.

Protección anticorrosiva

Puede ser el caso de una pieza que trabaje a la intemperie, con líquidos, etcétera, y, de esta forma, se evita que la dañen estos agentes externos.

En los dibujos de fabricación, hay que especificar el estado superficial o el grado de acabado de la pieza representada y, en caso de que se trate de un conjunto, será imprescindible indicar las tolerancias correspondientes para que pueda obtenerse el correspondiente ensamble entre las piezas.

Para llevar a buen fin el proyecto de fabricación de una pieza, se deben tener en cuenta la forma, sus dimensiones, el tipo de superficie, las tolerancias y los ajustes, en caso de que sean necesarios.

En la representación de la pieza en el dibujo, hay que indicar el estado superficial. Dicho estado se representa mediante símbolos que indican las clases de superficies y sus propiedades, dependiendo del trabajo que va a desempeñar.

Sabía que...

Los signos de mecanizado no indican las sobremedidas de una pieza para su fabricación.

En el año 1983, surgió la norma UNE 1037:1983, en la cual se regula el procedimiento para la indicación del estado superficial de las piezas. Dicha norma recoge, entre otros, los siguientes puntos:

- Clases de superficies.
- Calidades de las superficies.
- Irregularidades superficiales, rugosidad y ondulación.
- Símbolos empleados.
- Indicaciones escritas en la representación gráfica.
- Procedimientos de trabajo para obtener el estado superficial.

El símbolo general o básico que contempla esta norma está formado por dos trazos desiguales con una inclinación de 60º respecto a la superficie especificada. Por sí solo no tiene ningún significado.

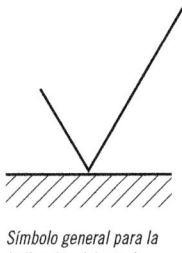

Símbolo general para la indicación del estado superficial

Si el mecanizado de una superficie se debe ejecutar mediante arranque de virutas, se añadirá al símbolo un trazado horizontal.

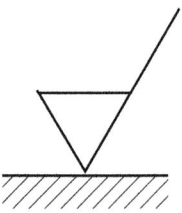

Símbolo para el mecanizado de superficies por arranque de virutas

En el caso contrario, en el que el mecanizado se hará de forma distinta al arranque de virutas, tendrá que añadirse al símbolo base un pequeño círculo. Si se utiliza en dibujos de fases de mecanizado, este símbolo indica que la superficie se quedará con la terminación de la fase anterior.

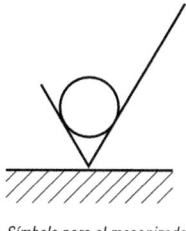

Símbolo para el mecanizado
superficial sin arranque
de virutas

En el caso de que se tengan que indicar características especiales sobre el estado superficial, se mostrarán como en la siguiente imagen:

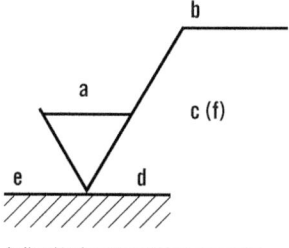

Indicación de características especiales
sobre el estado superficial

Donde:

a = Valor de la rugosidad o número de grado de la rugosidad.

b = Proceso de fabricación, tratamiento o recubrimiento.

c = Longitud de base o de muestreo.

d = Dirección de las estrías del mecanizado.

e = Sobremedida para su mecanizado.

f = Otros parámetros de rugosidad. Se expresarán entre paréntesis.

La siguiente tabla recoge los símbolos que se utilizan para indicar la **dirección de las estrías** del mecanizado:

SÍMBOLO	INTERPRETACIÓN	EJEMPLO
—	Paralelas al plano de proyección de la vista sobre la cual se aplica el símbolo.	Dirección de las estrías
⊥	Perpendiculares al plano de proyección de la vista sobre el cual se aplica el símbolo.	Dirección de las estrías
✕	Cruzadas en dos direcciones oblicuas con relación al plano de proyección de la vista sobre el cual se aplica el símbolo.	Dirección de las estrías
M	Multidireccional.	
C	Aproximadamente circular con relación al centro de la superficie a la cual se aplica el símbolo.	
R	Aproximadamente radial con respecto al centro de la superficie a la cual se aplica el símbolo.	

En el dibujo técnico mecánico, también está normalizada la forma de indicar los diferentes tipos de superficies en función de su aspecto. Estas pueden ser superficies en bruto, mecanizadas o tratadas.

En bruto

Es el tipo de superficie resultante directamente de la fabricación, es decir, no tiene ningún tipo de tratamiento.

Este tipo de superficie no necesita indicación alguna en el dibujo industrial. No obstante, en el caso en que se necesite una atención especial en el acabado (por ejemplo forjar con cuidado), se indicará mediante el siguiente signo: ~ (símbolo de aproximado).

Mecanizadas

Son las superficies conseguidas mediante un proceso de mecanizado. En el caso en que sea mediante arranque de virutas, como puede ser un torneado, se representará mediante triángulos, dependiendo del grado de calidad superficial.

Valor de la rugosidad RA		Clase de rugosidad	Signo de mecanización equivalente (antiguo)
μm	μin		
50 25	2.000 1.000	N12 N11	~
12,5 6,3	500 240	N10 N 9	▽
3,2 1,6	126 63	N 8 N 7	▽▽
0,8 0,4	32 16	N 6 N 5	▽▽▽
0,2 0,1 0,05 0,025	8 4 2 1	N 4 N 3 N 4 N 5	▽▽▽▽

Símbolos para superficies mecanizadas

Si se trata de un mecanizado especial, como puede ser un fresado, se debe indicar en el dibujo, como se muestra en la siguiente ilustración.

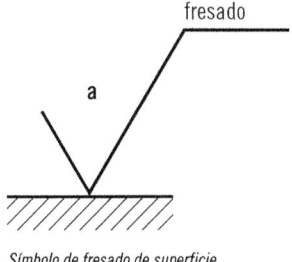

Símbolo de fresado de superficie

Tratadas

Son superficies mecanizadas que, además, necesitan unas propiedades particulares o una apariencia externa concreta, por ejemplo un cromado. En tal caso, se indicará como muestra la siguiente figura.

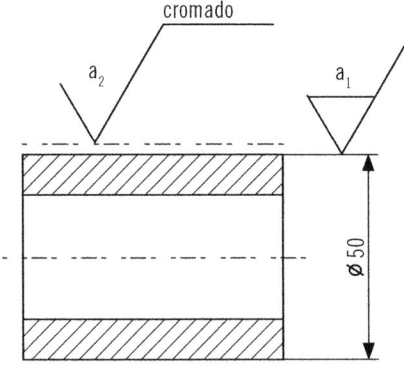

Símbolo de cromado de superficie

 **Importante**

De igual forma que en la acotación, tanto los símbolos como las indicaciones escritas, como norma general, deben estar dispuestas de forma que sean legibles desde la base o desde la parte derecha del dibujo.

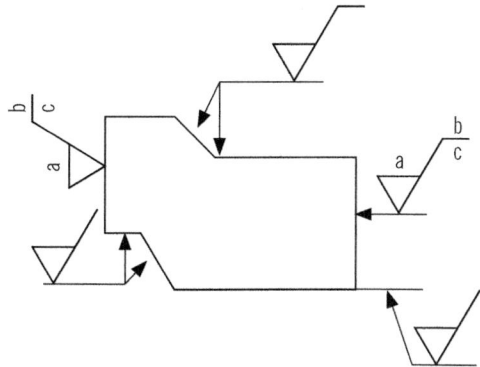

En los casos en que existan varias vistas, el símbolo de superficie deberá situarse solamente sobre la que mejor defina el tamaño y la posición de la pieza.

 Nota

Los tratamientos complementarios que sean necesarios y se puedan deducir para llevar a cabo un estado superficial final no se indicarán. Puede ser el caso de un desengrasado superficial para realizar un niquelado.

Por el contrario aquellos tratamientos complementarios que sean necesarios y no se deduzcan por su acabado superficial final, se indicarán mediante los símbolos correspondientes. Puede ser el caso de un enmasillado con un pintado, ya que no siempre hay que enmasillar para pintar una superficie. En este caso serán necesarias ambas indicaciones.

Aplicación práctica

El encargado del taller en el que se encuentra trabajando le indica que realice una representación gráfica de la vista que mejor defina la siguiente pieza y que la haga de forma que identifique su tipo de superficie mediante los símbolos correspondientes.

Tenga en cuenta que el acabado es pulido.

SOLUCIÓN

La imagen debe de ser similar a la siguiente. Todo dependerá de la vista que se elija.

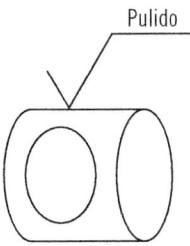

Si todas las superficies de una pieza contienen el mismo estado superficial, se puede indicar de dos formas distintas:

- Mediante la anotación correspondiente cerca del dibujo, en la zona próxima al casillero de rotulación o en la zona del casillero prevista para notas generales.

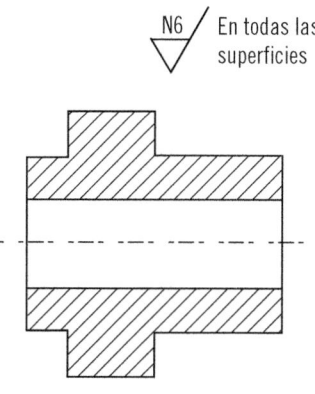

Indicación del mismo estado superficial

- A continuación del número de marca de la pieza.

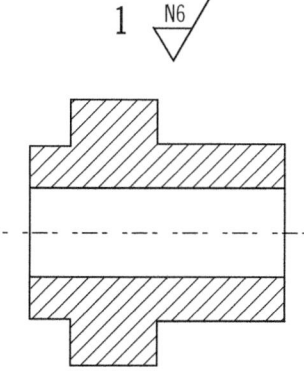

Indicación del mismo estado superficial

Si, en una pieza, la mayoría de las superficies llevan el mismo tipo de estado superficial, se puede indicar de tres formas distintas:

■ El símbolo general de la pieza seguido del símbolo base entre paréntesis.

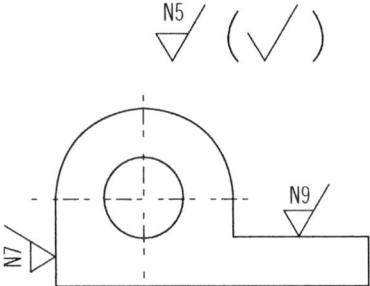

Indicación del mismo estado superficial en la mayoría de superficies

■ El símbolo general de la pieza seguido de los símbolos particulares correspondientes entre paréntesis.

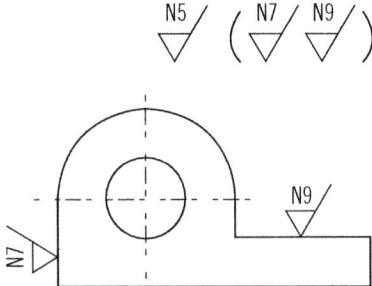

Indicación del mismo estado superficial en la mayoría de superficies

- Mediante una indicación cercana al dibujo que contenga el símbolo mayoritario y una frase de indicación particular, como por ejemplo la de la figura siguiente: "para todas las superficies salvo las indicadas".

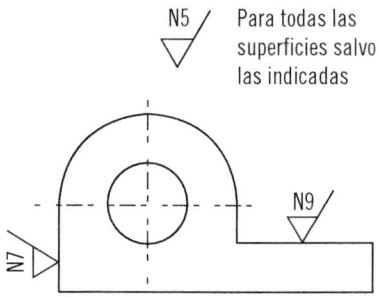

Indicación del mismo estado superficial en la mayoría de superficies

Lógicamente, en los casos anteriormente explicados, es necesario representar los símbolos particulares sobre la superficie correspondiente.

En el caso de que se trate de una pieza compleja y precise muchas indicaciones, estas se pueden simplificar para ahorrar trabajo y evitar confusiones debido a un exceso de símbolos. Se puede realizar tal como indica la figura siguiente, siempre que se hagan las indicaciones oportunas.

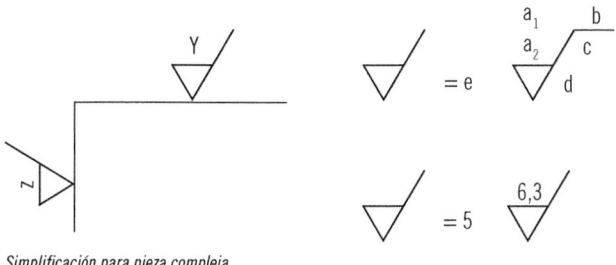

Simplificación para pieza compleja

Cuando en una pieza existan muchas superficies con el mismo signo superficial, se puede sustituir por el símbolo básico, siempre que se explique su significado en el dibujo, tal como indican las figuras.

Recuerde

El acabado tiene un papel primordial en la fabricación mecánica. En la superficie de una pieza se pueden dar diferentes rasgos, dependiendo de su proceso de fabricación. En dibujo técnico, la representación del estado superficial y acabado de una pieza está normalizada.

Rugosidad

La rugosidad son pequeñas desviaciones que se encuentran en la superficie y están condicionadas a las propiedades del material y a su proceso de fabricación. La rugosidad se puede medir y es, de hecho, la medida más empleada para definir la textura de una superficie.

La rugosidad de una superficie se puede medir mediante aparatos llamados rugosímetros. Estos aparatos son electrónicos y de gran precisión.

Estos aparatos indican, por un lado, la profundidad de la rugosidad medida (R_a), que se expresa en micras, y, por otro lado, la profundidad de la rugosidad media de una superficie (R_z).

Generalmente, se emplea el parámetro de medida R_z5, que es el resultado de la medición de cinco longitudes de muestra consecutivas.

Rugosímetro

 **Nota**

Existen otros métodos, como cubrir la superficie de una pieza con una película de alto brillo, como puede ser un aceite mineral, y luego reflejarlo en una plantilla. La rugosidad se revelaría por la falta de continuación o irregularidades reflejadas, pero este método no es adecuado cuando se requiere una medición precisa.

Indicación de la rugosidad de la superficie

En ingeniería se indica la rugosidad mediante símbolos que expresan los niveles de rugosidad de una superficie. El símbolo es parecido al de la raíz cuadrada.

A continuación, se representan los diferentes símbolos de superficies normalizadas:

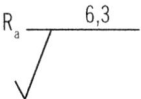

$R_a \quad 12,5$

Esta superficie es muy rugosa con cortes profundos, como, por ejemplo, una superficie resultante de un corte con el disco abrasivo de una radial.

Este tipo de superficies normalmente se utiliza en maquinaria pesada que no necesite precisión y para ensamblajes atornillados o remachados donde no sea necesario guardar una uniformidad.

$R_a \quad 6,3$

Esta superficie es la resultante de un mecanizado de tipo medio, como, por ejemplo, una superficie resultante de un rectificado, un limado de desbaste o un corte con un disco abrasivo de tipo medio de una radial.

Es uno de los sistemas más utilizados. Se emplea en partes interiores donde es aceptable un terminado medio. Puede usarse en trabajo pesado cuando se requiere contacto superficial uniforme.

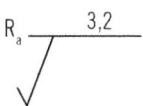

$R_a \quad 3,2$

Esta superficie es la que tiene una terminación medio lisa, como, por ejemplo, una superficie resultante de herramientas de corte afiladas, un esmerilado o un limado manual.

Es el tipo de superficie adecuada para acoplar partes de máquinas o motores con tornillos y remaches y que no exista movimiento entre las mismas.

$$R_a \quad \overline{ 1,6 }$$

Esta superficie es prácticamente lisa.

Es difícil de conseguir mediante métodos de mecanizado que no sean la laminación o el rectificado.

Se suele utilizar donde se necesiten ajustes precisos entre piezas.

$$R_a \quad \overline{ 0,8 }$$

Esta superficie es de terminación muy fina. Esta terminación es utilizada cuando la concentración de esfuerzos es muy alta, como en el caso de rodamientos.

Es la resultante después de repasar con lija fina procesos como el torneado.

$$R_a \quad \overline{ 0,4 }$$

Esta superficie se puede obtener mediante un rectificado muy fino.

Se puede emplear en casos donde se necesite mucha precisión, como, por ejemplo, el interior de un cilindro hidráulico.

$$R_a \underline{\quad\quad 0,1 \quad\quad}$$

Esta superficie es la obtenida mediante un proceso de súper acabado abrillantado o un pulido con banda abrasiva muy fina. Se puede utilizar en zonas como los vástagos de los cilindros hidráulicos.

6. Resumen

A través de este capítulo, se han adquirido una serie de conocimientos de gran importancia en cuanto a mediciones y demás aspectos relacionados con las medidas que deben cumplir los objetos fabricados. Todos estos aspectos tienen gran influencia en el proceso de fabricación y determinarán algunas características del mismo.

Es imprescindible conocer las unidades y equivalencias utilizadas durante las operaciones de fabricación para evitar errores de fabricación. Del mismo modo, hay que saber realizar medidas por métodos tanto directos como por comparación y distinguir un tipo de medición del otro.

El ajuste y el respeto de las tolerancias exigidas es imprescindible para conseguir que los mecanismos encajen adecuadamente y funcionen de forma correcta. De ahí la importancia de que el operario comprenda los planos facilitados por el proyectista y los sepa interpretar correctamente.

El objetivo principal de la normalización es la unificación de criterios. Entre las normas relativas al dibujo técnico, se pueden destacar las relacionadas con la acotación. Normalmente, en los dibujos se van a especificar también, además de las cotas nominales, las tolerancias.

En cuanto al acabado superficial, este también irá indicado generalmente en los planos y el operario deberá respetarlo y obtener piezas con dicho acabado superficial para que sean correctas y aceptadas por el cliente.

Ejercicios de repaso y autoevaluación

1. **Defina la equivalencia de un segundo.**

_____
_____
_____
_____

2. **Complete los huecos de las siguientes oraciones con la palabra adecuada.**

   a. La muestra utilizada para medir se denomina unidad de medida y debe ser _____, _____ y sencilla.
   b. El pie de rey es un instrumento de medición _____.
   c. La medición por comparación consiste en determinar una magnitud comparándola con otra de valor _____.

3. **De las siguientes afirmaciones, diga cuál es verdadera o falsa.**

   a. La escuadra es un instrumento de medición directa.

      ☐ Verdadero
      ☐ Falso

   b. A la hora de realizar el ajuste de piezas, hay que tener en cuenta únicamente la función que van a desempeñar.

      ☐ Verdadero
      ☐ Falso

   c. El juego máximo de un ajuste se define como la diferencia entre el valor máximo real de la cota de la pieza hembra o agujero y el valor mínimo real de la cota de la pieza macho o eje.

      ☐ Verdadero
      ☐ Falso

4. ¿Qué es la tolerancia de una pieza?

    a. Es la diferencia entre la medida máxima y la mínima admisibles.

    b. Es la suma de la medida máxima y la mínima admisibles.

    c. Es la mayor medida límite de una pieza.

    d. Es la menor medida límite de una pieza.

5. ¿A qué se le llama línea cero?

    a. A la medida de una tolerancia.

    b. A la línea que identifica una cota.

    c. A la que corresponde a la medida nominal.

    d. A la resultante de la medición de una pieza a 20 ºC.

6. Teniendo en cuenta la tabla de tolerancias, calcule la tolerancia correspondiente a una cota de 90 mm para una calidad de IT 9.

    a. 54 micras.

    b. 62 micras.

    c. 78 micras.

    d. 87 micras.

7. ¿Qué significa la cota Ø50d7?

    a. Es un agujero de 50 mm de diámetro con un índice de calidad IT 7.

    b. Es un eje de 50 mm de diámetro con un índice de calidad IT 7.

    c. Es un agujero de 50 mm de diámetro con una tolerancia de 7 micras.

    d. Es un eje de 50 mm de diámetro con una tolerancia de 7 micras.

8. ¿Qué indica el dato del primer recuadro de una tolerancia geométrica?

    a. El valor de la tolerancia.

    b. El elemento de referencia.

    c. El símbolo de la tolerancia.

    d. El valor de referencia.

9. ¿Qué es una superficie tratada?

    a. Es una superficie mecanizada que necesita un tratamiento superficial especial.

    b. Es una superficie que se ajusta a una cota.

    c. Es la superficie resultante de un proceso de arranque de virutas.

    d. Es la superficie resultante de un proceso de lijado.

10. ¿Qué es la rugosidad de una pieza?

    a. Es la consecuencia de la dilatación por el efecto térmico.

    b. Son los granulados que contiene el cuerpo de la pieza.

    c. Son los granulados que contiene la capa alterada.

    d. Son pequeñas desviaciones que se encuentran en la superficie.

Capítulo 2
Utilización de instrumentos de medición y control

Contenido

1. Introducción

Para llevar a cabo métodos u operaciones de medición y control es fundamental la utilización de los instrumentos adecuados.

Por tanto, para realizar correctamente estas operaciones y elegir el instrumento más adecuado, el primer paso es el conocimiento tanto de los instrumentos de medición y control como de su forma de utilización.

Dentro de los procesos de verificación, hay que distinguir, entre otras cosas, los elementos a verificar, ya que de ello dependerán las diferentes técnicas a utilizar. Así pues, no es lo mismo verificar una superficie que verificar un elemento de unión.

Los procesos de verificación pueden ejercerse sobre superficies (planas, cilíndricas, etc.), sobre los elementos de unión de piezas (pernos, tornillos, roscas, etc.), sobre longitudes, ángulos, etc.

Igualmente importante es la interpretación de los resultados y su anotación para realizar las comprobaciones correspondientes en el momento adecuado o necesario.

2. Procedimiento de medida

En primer lugar, hay que destacar que existe un documento llamado "procedimiento de medida", de gran importancia de cara a la realización las operaciones de medición y control de las piezas.

El procedimiento de medida es un documento que da suficientes detalles para que un operador pueda efectuar una medición sin necesidad de otras informaciones adicionales. El procedimiento de medida es el conjunto de operaciones, descritas de forma específica, utilizadas en la ejecución de mediciones particulares según un método dado.

En el procedimiento de medida se debe especificar la siguiente información:

- Objeto de la medición: se indican los tipos de mensurando a los que se puede aplicar el procedimiento.
- Instrumentos o equipos de medida necesarios.
- Personal: se ha de indicar la categoría profesional y la capacitación de la persona encargada de realizar estas tareas de medida.
- Principio y método de medida.
- Montaje de medida: aquí se ha de incluir la descripción y el esquema del mismo.
- Proceso de medición.
- Acondicionamiento del mensurando e instrumentos de medida.
- Directrices para realizar el montaje de la medida.
- Encendido de los instrumentos activos.
- Toma de datos.
- Desmontaje y almacenamiento del mensurando e instrumentación.
- Cálculos: se indicarán el valor medido y la incertidumbre correspondiente.
- Informe de la medida: contenido, firmas y aprobación.
- Anexos: registros de toma de datos.

 **Nota**

El CEM define mensurando como la magnitud particular sometida a medición.

3. Instrumentos de medida

El metrólogo es la persona encargada de comprobar la exactitud de las piezas de fabricación realizadas de acuerdo con las medidas y las tolerancias marcadas en el plano. Para ello, ha de disponer y utilizar los equipos de control dimensional adecuados en función de las características de las piezas concretas de las que se trate.

Existen desde instrumentos de medida básicos hasta equipos avanzados. A continuación, se analizarán algunos de los más utilizados.

3.1. Metro

El metro, como instrumento, es una regla graduada.

 Nota

El metro sirve para realizar la medición directa de la longitud y es el instrumento de medida más básico que existe.

Normalmente, estos instrumentos llevan marcados las unidades en centímetros y milímetros.

Los metros suelen estar fabricados con acero, aluminio, latón o madera y formados por brazos articulados.

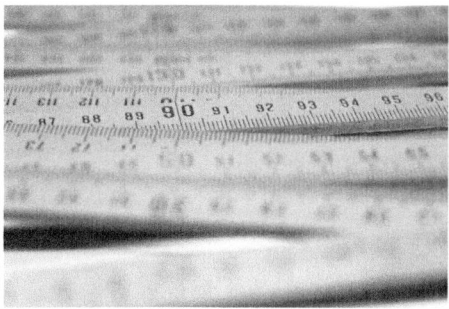

Metro plegable

Como instrumentos similares al metro, hay que destacar las reglas flexibles y las cintas métricas. Estas son utilizadas para el mismo fin. Las reglas flexibles suelen estar fabricadas con acero y permiten ser adaptadas a superficies curvas. Las cintas métricas suelen ser de acero templado o de tela barnizada y son enrollables.

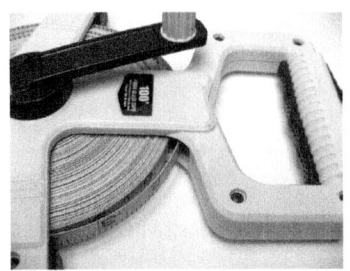

Diferentes tipos de cintas métricas

3.2. Micrómetro o palmer

El micrómetro, también conocido con el nombre de palmer, es uno de los instrumentos de medida directa con más precisión. Puede llegar a medir hasta una milésima de milímetro (0,001 mm).

 Sabía que...

El nombre de palmer proviene del mecánico Francés Jean Laurent Palmer, quien inventó el calibre de tornillo con nonio circular en 1848.

Al igual que ocurre con otros instrumentos, existen micrómetros analógicos y micrómetros digitales.

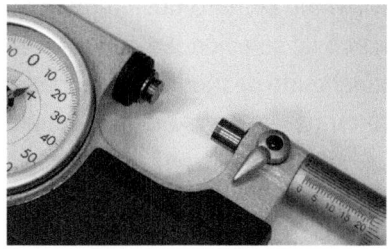

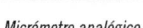

Micrómetro analógico

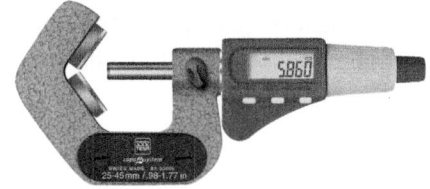

Micrómetro digital

Las partes que componen un micrómetro o palmer son:

- Cuerpo o marco de sujeción.
- Tornillo sinfín o husillo: es la base desplazable.
- Asiento fijo o yunque: base fija sobre la cual se apoya la pieza a medir.
- Seguro: elemento con el cual se fija el micrómetro para mantener fijo el husillo.
- Escala graduada: está separada en dos partes, una superior, que expresa los milímetros, y otra inferior, que expresa las divisiones de estos.
- Cubo o manguito de medición: elemento giratorio, que lleva una escala grabada, con el cual se gradúa el palmer.
- Perilla de trinquete: elemento que aprieta para asegurar la medición.

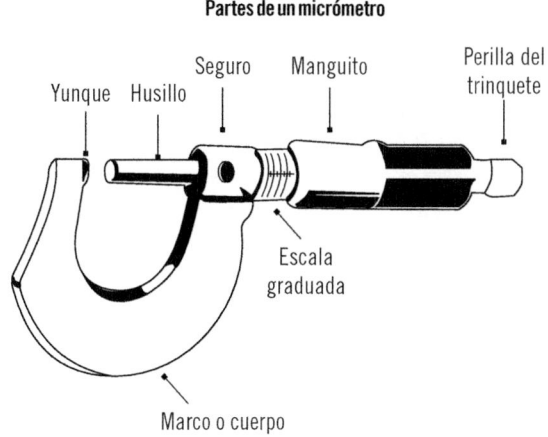

Partes de un micrómetro

El mecanismo de medición consiste en un tornillo sinfín o husillo roscado sobre una tuerca fija, alojada en el cuerpo o marco de sujeción. La parte trasera del husillo está alojada dentro de un cubo o manguito de medición graduado en milímetros. Sobre el husillo estará grabada otra escala, graduada también en milímetros.

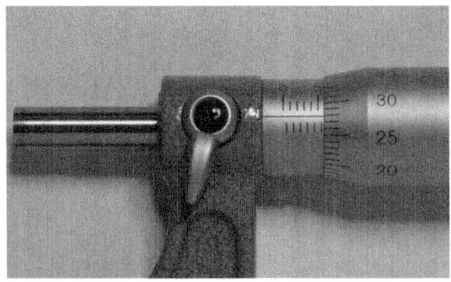

Detalle de micrómetro

La parte delantera del micrómetro está constituida por un marco o cuerpo con forma de hoz terminado en un asiento fijo (también llamado yunque), al cual se le aproximará o se le alejará el tornillo roscado o husillo, dependiendo del grosor que tenga la pieza a medir. Una vez asentada la pieza entre el yunque y la base del husillo, se procede a su medición, que está determinada por la comparación de las dos escalas graduadas grabadas en la parte trasera del micrómetro.

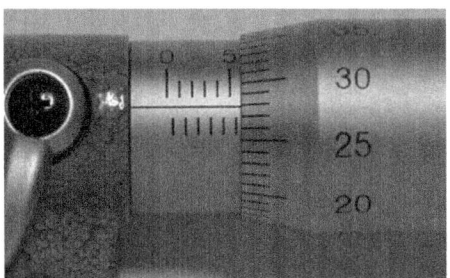

Detalle medidas micrómetro

A la hora de realizar mediciones, existen dos tipos diferentes de micrómetros, dependiendo del tipo de medida que se va a realizar. Estos pueden ser de diferentes tipos, pero los principales son:

■ Para realizar mediciones exteriores.

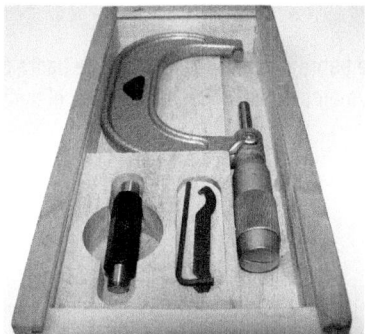

Micrómetro para mediciones exteriores

■ Para realizar mediciones interiores.

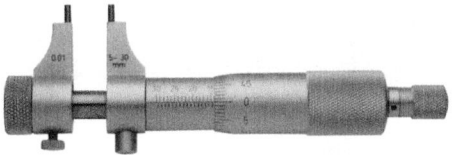

Micrómetro para mediciones interiores

 **Importante**

Los instrumentos de medición deben estar calibrados para no errar en la medición.

Aplicación práctica

Imagine que usted está trabajando en una cadena de montaje de motores y tiene que realizar mediciones para seleccionar el tipo de casquillo de bancada adecuado, ¿qué herramienta utilizaría?

SOLUCIÓN

Teniendo en cuenta que habrá que realizar medidas de hasta centésimas de milímetro, se deberá utilizar el instrumento de medición más exacto: el micrómetro.

 Aplicación práctica

Imagine que está realizando una medición con un micrómetro analógico con la escala principal en milímetros y la lectura que le indica es la que se ve en la siguiente imagen, ¿sería capaz de descifrar el valor exacto de la lectura?

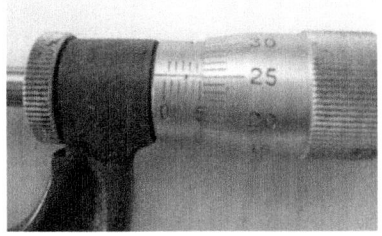

SOLUCIÓN

La medida indicada es 5,25 mm, porque la escala graduada horizontal se ve hasta el 5, lo cual significa que la medida son 5 mm. Ahora habrá que leer el resto de la medida obtenida. Como la escala horizontal que indica las divisiones del milímetro coincide en el 25 con la escala horizontal, la medida final exacta sería 5,25 mm.

Aplicación práctica

Imagine que está realizando una medición con un micrómetro analógico con la escala principal en milímetros y la lectura que le indica es la que se ve en la siguiente imagen, ¿sería capaz de descifrar el valor exacto de la lectura?

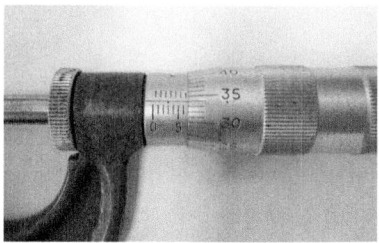

SOLUCIÓN

La medida indicada es 6,84 mm, porque la escala graduada horizontal se ve hasta el 6,5 mm (el 0,5 viene determinado porque se ven las divisiones medias que aparecen en la parte superior de la escala horizontal). La escala de la derecha indica que a esa medida hay que añadirle la división 0,34 mm. Por tanto, la medida final exacta sería 6,84 mm.

3.3. Peine de rosca

El peine de rosca que se va a analizar es también llamado calibre de rosca.

Los peines de rosca son un conjunto de láminas de acero, las cuales llevan en su parte inferior talladas unas hendiduras, cuyo paso coincidirá con cada uno de los pasos de los tornillos a medir. De esta forma, se puede determinar el tipo de rosca que se está manipulando, ya sea tanto macho como hembra.

 Definición

Paso de una rosca
Separación entre dos aristas helicoidales de la rosca en cuestión.

Hay que tener en cuenta que el peine de rosca solo mide el paso de la rosca, por lo que, para realizar una medición completa, hay que realizar una medición adicional con el calibre o con el micrómetro de su diámetro y tamaño longitudinal.

A la hora de medir un tornillo con un peine de rosca, la medida se puede obtener en milímetros o en pulgadas.

Peine de rosca

 Nota

Cuando el paso de la rosca es medido en milímetros, se identificará con un peine de rosca de paso métrico. Mientras que, por el contrario, si el paso del tornillo se mide en pulgadas, se identificará con un peine de rosca de paso Whithworth.

3.4. Pie de rey

Además de con el nombre de pie de rey, se le conoce como cartabón de corredera o calibre, que es el nombre más común.

Existen calibres analógicos y otros que indican la medición en una pantalla digital para una lectura más precisa y fácil.

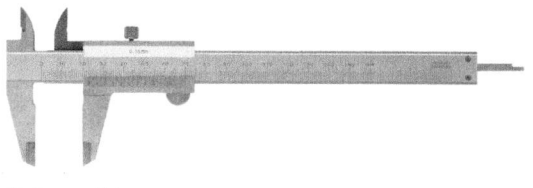

Pie de rey analógico

Pie de rey digital

 **Nota**

Dentro de los elementos de medición directa, el pie de rey es uno de los que más precisión tiene.

Las partes que constituyen el calibre son:

1. Bocas de medición externa. Se trata de dos bocas, una fija y una móvil, que se utilizan para obtener medidas exteriores.
2. Bocas de medición interna, orejeras o picos. En este caso, también existe una boca fija y otra móvil, que se utilizan para realizar mediciones interiores.
3. Barra o varilla de medición de profundidades. Cuanto más se abra el calibre, mayor longitud de esta barra saldrá hacia el exterior del equipo de medida.
4. Escala con división en milímetros. En ella, cada diez milímetros marcará un centímetro, estos son los números que llevará grabados (cm).
5. Escala con división en pulgadas y fracciones de pulgada.
6. Nonio (1). Su misión es hacer que sea posible interpretar la medida en milímetros realizada correctamente.
7. Nonio (2). Su misión es posibilitar la interpretación de la medida en milímetros realizada correctamente.
8. Freno y palanca de desplazamiento.

Partes de un pie de rey

Su funcionamiento es muy sencillo a la vez que exacto. Tal y como se ve en la imagen, el pie de rey consiste en una regla graduada por ambas partes (superior e inferior). La parte inferior está graduada en milímetros y la superior en pulgadas. Esta regla termina en uno de sus extremos en dos escuadras a distinto nivel, que servirán como apoyo fijo a la hora de hacer tanto mediciones externas como internas. Sobre esta regla se coloca otra regla desplazable, la cual también estará marcada con dos graduaciones a nivel superior y a nivel inferior, denominadas nonios. El nonio de la parte inferior marcará la medida en milímetros y el nonio de la parte superior marcará la medida en pulgadas.

 Sabía que...

Una pulgada equivale a 25,4 mm.

Por otro lado, si lo que interesa es medir profundidades, en la parte opuesta a las bocas de medición, cuando estas se separan, sobresaldrá una barra que indicará la profundidad del elemento a medir.

 Aplicación práctica

El encargado del taller en el que trabaja le indica que a la taladradora vertical se le ha perdido un tornillo y provoca vibraciones. Le ordena que lo repare, pero le hace la observación de que el tornillo tiene que ser de la medida justa, ya que si es más largo, provocará daños internos y, si es más corto, no realizará la sujeción correcta. ¿Cómo seleccionará el tornillo adecuado?

SOLUCIÓN

Teniendo en cuenta que, además de verificar el tipo de rosca, tendrá que utilizar instrumentos de medición para interiores y para exteriores, debería utilizar un pie de rey para medir la profundidad y el diámetro del orificio y un peine de rosca para seleccionar la rosca correcta. De esta forma, podrá seleccionar el tornillo correcto.

Nonio

Para entender y aplicar bien el funcionamiento del pie de rey, hay que comprender tanto el significado como la aplicación del nonio.

 Definición

___

Nonio
También conocido con el nombre de vernier, es una segunda escala auxiliar que tienen algunos instrumentos de medición para conseguir unos resultados más precisos.

___

Sobre la regla fija del pie de rey, se insertan dos escalas graduadas: una en milímetros y otra en pulgadas (la primera en la parte inferior y la segunda en la parte superior). Acoplado a esta regla fija, se coloca un carro desplazable, el cual también lleva grabadas, en milímetros y en pulgadas, dos escalas en la posición correspondiente a las anteriores. A cada una de estas escalas es a lo que se denomina nonio o vernier.

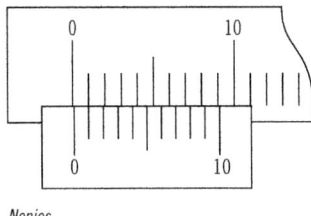

Nonios

Como se puede apreciar en la imagen, el nonio o vernier consiste en una escala desplazable que no tiene la misma separación en marcaciones que la escala grabada en la regla fija.

Sabía que...

El término nonio se aplica más en ámbitos técnicos e industriales y el término vernier se utiliza más en la enseñanza.

 Ejemplo

Existen pies de rey con nonios de distinto número de divisiones. La precisión del mismo radicará en el número de divisiones, siendo mayor cuantas más divisiones presente el nonio.

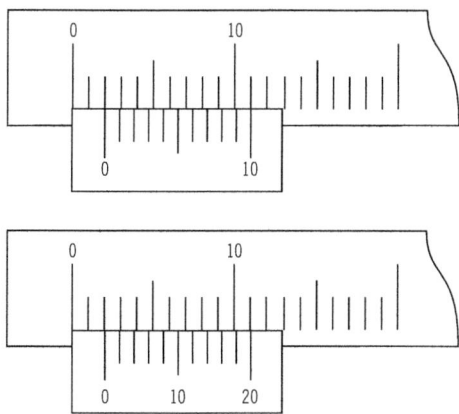

Lógicamente, el segundo pie de rey será más exacto que el primero.

Aplicación práctica

Imagine que está realizando una medición con un pie de rey analógico con la escala principal en milímetros y la lectura que le indica es la que se ve en la siguiente imagen, ¿sería capaz de descifrar el valor exacto de la lectura?

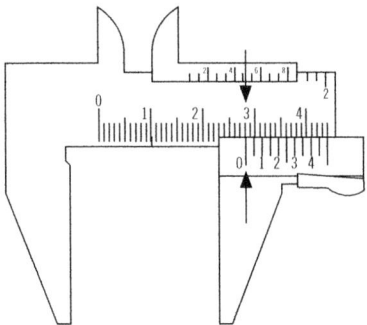

SOLUCIÓN

La medida indicada es 28,40 mm, porque el cero del nonio está pasando los 28 mm, es decir, 2,8 cm. Para ver el resto de decimales, hay que observar qué división del nonio coincide exactamente con alguna división de la escala principal. Así, se puede apreciar que esa es la división número 4 del nonio. Por tanto, el resultado final de la medición es 28,40 mm.

3.5. Columnas de medición

Las columnas de medida son instrumentos de medición de una coordenada. Están diseñados para trabajar sobre mármol o granito.

Sirven para realizar operaciones de control en procesos de fabricación, tomando medidas en el momento de los reglajes de las máquinas o sobre determinadas muestras cuando la fabricación y las dimensiones de las piezas son críticas.

Nota

Las columnas de medición destacan por su facilidad de utilización.

Existen columnas de medición multifunción, que permiten medir alturas, diámetros, distancias, perpendicularidad, rectitud, etcétera. Además, existen columnas de medición con distinta amplitud en su campo de medición y que ofrecen medidas con mayor o menor precisión.

Algunas de ellas poseen un sistema neumático para efectuar las mediciones y desplazamientos de forma fácil y rápida.

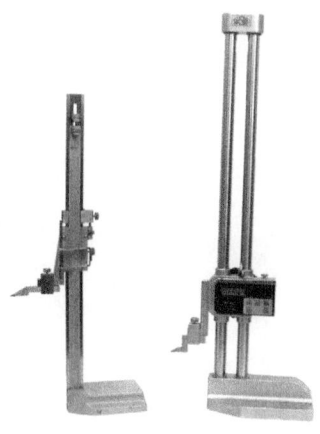

Columna de medición

3.6. Transportador de ángulos

El transportador de ángulos es un semicírculo que lleva grabada una escala de 0 a 180° sexagesimales y en cuyo centro se coloca un punto de rotación para poder transportar el ángulo medido, en un principio, de un punto a otro.

Por tanto, el transportador de ángulos es un instrumento de medición directa de ángulos que permite realizar mediciones comprendidas entre 0 y 180º.

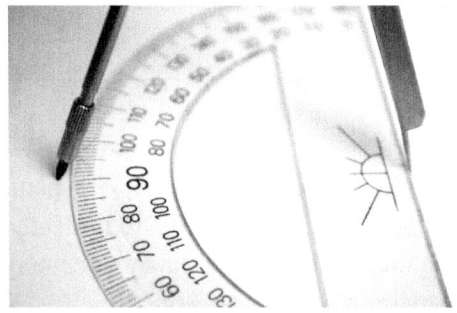

Tansportador de ángulos

3.7. Goniómetros

El goniómetro permite realizar la medición directa de ángulos entre 0 y 360º.

Goniómetro

El goniómetro consiste en un círculo con una escala grabada de 0 a 360º que lleva acoplada una regla desplazable. Las mediciones de ángulos las realizará dicha regla en su movimiento de rotación alrededor del círculo.

Sabía que...

El goniómetro se ha utilizado en la industria náutica para la interpretación de las cartas de navegación.

 Aplicación práctica

Usted se encuentra trabajando en un taller de montaje y tiene que ensamblar dos piezas. Según el manual de instrucciones los tornillos llevan un apriete de 220º. ¿Qué herramienta utilizaría para la comprobación del ángulo de giro aplicado?

SOLUCIÓN

Teniendo en cuenta que el giro es superior a 180º, se debería utilizar el goniómetro.

4. Instrumentos y accesorios de verificación

Existen otros instrumentos de gran utilidad para el control de las piezas fabricadas: se trata de los instrumentos comparadores o de verificación.

Definición

Instrumentos comparadores
Instrumentos de medida indirecta que miden relacionando varias variables conocidas o por desviaciones. No realizan mediciones sino comparaciones o desviaciones de las dimensiones con otras que se toman como patrón o referencia.

Instrumentos de verificación
Se emplean para comprobar si las dimensiones de una pieza son iguales a las marcadas en el instrumento o se encuentran entre unos límites previamente establecidos.

Estos instrumentos se utilizan cuando lo realmente importante no es la obtención del valor de la medida exacta de la pieza, sino la comprobación o el conocimiento de la diferencia entre las medidas de la pieza fabricada y la pieza prototipo.

Nota

El uso de instrumentos y accesorios de verificación es muy útil cuando se desea realizar un control rápido de cotas, por ejemplo, en procesos de fabricación de grandes series.

4.1. Calibres (pasa/no pasa)

Los calibres pasa/no pasa son instrumentos o accesorios precalibrados a un tamaño ya establecido. De esta forma, se puede determinar un límite de tamaño, ya sea inferior o superior.

 **Nota**

Los calibres pasa/no pasa también reciben el nombre de calibres de tolerancia o calibres de límites y son un claro ejemplo de instrumentos o accesorios de verificación.

Calibre pasa/no pasa

Son muy útiles porque, en los planos de proyecto de cualquier pieza, las cotas suelen ir acompañadas de una tolerancia, que determina la cota máxima y la cota mínima entre las que ha de estar comprendida la cota real. Entonces, lo realmente importante es comprobar que las dimensiones de la pieza están entre esas cotas y, para ello, no es necesario conocer el valor exacto de la cota, sino que basta con poseer un par de calibres, uno que materialice la cota máxima y el otro la cota mínima.

Se suelen utilizar para la medición de diámetros de agujeros y ejes. En el primer caso, su forma de utilización consiste en introducirlos en el agujero que se somete a la condición de si pasa o no pasa por el orificio. De esta manera, se puede saber si la pieza está dentro de los límites permitidos.

Por tanto, existen:

- Calibres de tolerancia para piezas machos (para ejes).
- Calibres de tolerancia para piezas hembras (para agujeros).

Ejemplo

Si se tiene que verificar un eje, se habrá de poseer un calibre con un agujero con la cota máxima que puede tener dicho eje y otro con su cota mínima. Si el eje pasa por el calibre de cota máxima y no pasa por el calibre de cota mínima, será correcto y cumplirá con las cotas y tolerancias que ha de poseer.

4.2. Comparadores

Hay que destacar que los comparadores tienen un campo de medición bastante limitado, lo cual permite que la precisión sea muy alta. El hecho de que sean tan precisos hace necesario que posean un sistema de amplificación de la medida potente que permita apreciar dicha precisión. De ahí que este método sea denominado medición por amplificación.

 Nota

Los comparadores son elementos muy utilizados en los talleres y en las salas de metrología, debido a su robustez y a la simplicidad de su manejo.

Los comparadores se pueden clasificar en función del método de amplificación que utilizan en:

- Comparadores mecánicos.
- Comparadores neumáticos.
- Comparadores ópticos.
- Comparadores electrónicos.

Los comparadores mecánicos son instrumentos de medida en los que los desplazamientos de un palpador son transmitidos y amplificados mediante un sistema mecánico apropiado (formado por engranajes, levas y palancas) a una aguja indicadora que se desplaza delante de una escala circular, graduada en divisiones iguales, a lo largo de toda la circunferencia.

Suelen llevar, además, una aguja más pequeña que cuenta vueltas completas de la aguja mayor para facilitar la lectura total.

Son llamados relojes comparadores debido a su forma.

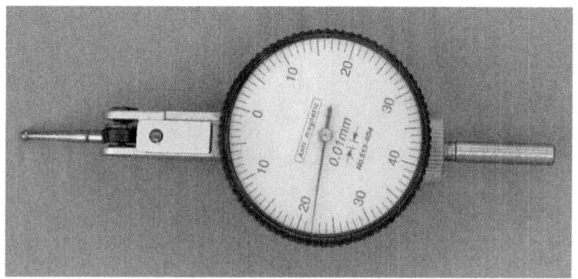

Reloj comparador analógico

 **Nota**

Algunas de las aplicaciones más usuales de los comparadores mecánicos son:

■ La comparación de cotas con relación a bloques patrón.
■ La verificación de paralelismo entre dos planos.
■ La verificación de piezas o herramientas sobre las máquinas.
■ La verificación de máquinas herramientas.
■ La regulación de los desplazamientos de los carros en las máquinas.

Al igual que en la mayoría de los instrumentos de verificación, existen relojes comparadores digitales que ayudan a la hora de realizar la medición.

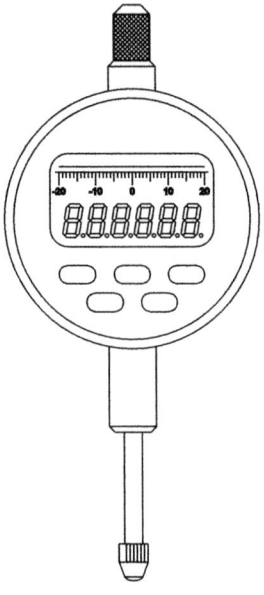

Reloj comparador digital

Palpadores

Por otro lado, es importante analizar los palpadores, que son dispositivos o accesorios de contacto que se emplean como ayuda a los relojes comparadores para determinar las medidas exactas. Son de varias formas y tamaños, que dependerán del objeto a medir.

Puntas palpadoras para comparadores de palanca

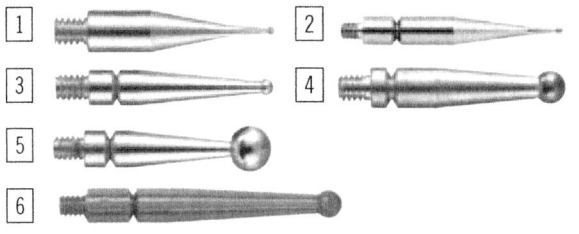

1. ø 0,5 mm acero
2. ø 0,7 mm acero
3. ø 1 mm metal duro
4. ø 2 mm metal duro
5. ø 3 mm metal duro
6. ø 2 mm rubí

Alexómetro

Dentro de la familia de los relojes comparadores, existe un elemento de medición indirecta denominado alexómetro.

El alexómetro consiste en la asociación de un reloj comparador y una prolongación, en cuya terminación va acoplado un palpador regulable o intercambiable, terminado en T, el cual transmite sus desplazamientos al reloj comparador a través del eje prolongable.

El alexómetro tiene la misma capacidad de medida que el reloj comparador, pero, a diferencia de este, permitirá medir las diferentes variaciones que se producen en el interior de los mecanizados de las piezas. Por lo tanto, el alexómetro indicará diámetros y oscilaciones en los interiores de las piezas.

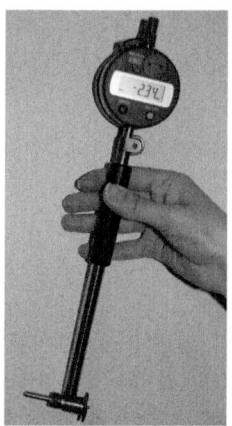

Aléxometro

Comparadores neumáticos

Su funcionamiento se basa en los principios de amplificación neumática y son los instrumentos que permiten las máximas amplificaciones.

Ejemplo

El alexómetro se utiliza, entre otras cosas, para medir las camisas interiores de los cilindros para verificar su conicidad u ovalación.

También es utilizado para medir diámetros interiores de tubos.

Comparadores ópticos

Estos suelen utilizar palancas ópticas, que suelen ser rayos luminosos reflejados sobre espejos.

Comparadores electrónicos

Permiten obtener resultados de gran precisión.

Los palpadores de los comparadores electrónicos suelen ser inductivos.

4.3. Mármol de diabasa

El mármol de diabasa es un accesorio o elemento que se utiliza durante los trabajos de verificación de piezas, pero también puede funcionar como patrón de ángulos de 180°. Se trata de una mesa de planitud.

 Definición

Diabasa
También recibe el nombre de diorita y es definida por la Real Academia Española como roca eruptiva, granosa, formada por feldespato y un elemento oscuro, que puede ser piroxeno, anfíbol o mica negra.

Se denomina mármol a todo elemento de verificación utilizado para materializar un plano, pero se pueden distinguir dos tipos: mesas de medida y mármoles de control.

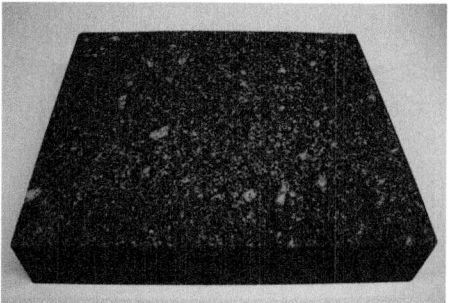

Mármol de diabasa

Cuando se habla de mármol de ajustador, se habla de una base plana, la cual servirá para verificar por comparación el plano que tiene una determinada pieza en su superficie.

Para conseguir que la superficie del mármol sea totalmente lisa y plana ha de tener un acabado rectificado y además han de haberse realizado sobre ellas diversas operaciones de mecanizado, como el rasqueteado.

 Ejemplo

Una forma de verificar la planitud de una pieza con el mármol de diabasa es manchando la superficie del mármol con una fina capa de pintura al óleo. Después se toma la pieza a verificar y se frota sobre el mármol cuidadosamente. De este modo, la pintura manchará las partes más altas de la superficie de la pieza, que serán las que habrá que rebajar mediante el proceso de mecanizado más adecuado. Si todo se mancha por igual, significa que la superficie de la pieza es totalmente plana.

En todo caso, siempre es muy importante que el mármol de diabasa esté correctamente apoyado, con los apoyos estratégicamente situados, y que entre los apoyos y la mesa soporte se coloquen elementos capaces de eliminar posibles vibraciones que puedan afectar a la exactitud de la medida.

Es fundamental llevar a cabo la limpieza de la superficie de trabajo antes y después de cada uso y, mientras no se utilice, debe protegerse con una cubierta de madera o plástico.

 Consejo

Conviene emplear siempre un mármol adecuado al tamaño de la pieza, a la calidad de medida que se necesite obtener y al tipo de instrumento que se va a utilizar.

4.4. Mesa de trazar

Son mesas que se utilizan durante determinados procesos de verificación.

Los mármoles de trazado están formados por un bloque cuya superficie ha de ser rectificada de forma muy cuidadosa. Dicha superficie se utiliza para situar las piezas y utensilios a verificar para realizar el trazado correspondiente.

Suele tratarse de mesas tipo mármol que incorporan además un reloj comparador para obtener las mediciones adecuadas y verificar si las cotas de una determinada pieza están dentro de los límites establecidos previamente por el proyectista o diseñador.

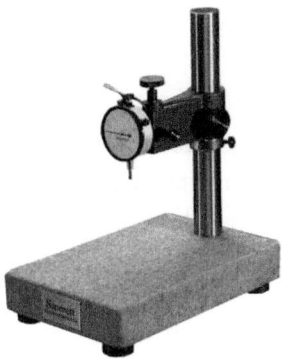

Mesa de trazar de granito con reloj comparador

Mesa de trazar corrediza con ajuste fijo y reloj comparador

 Nota

Pueden ser de diabasa, granito, fundición, etc.

4.5. Pirómetros

Los pirómetros son aparatos utilizados para medir la temperatura de un objeto sin necesidad de estar en contacto físico con él. Su capacidad de medición puede oscilar entre los -50 y los 4.000 ºC, aunque normalmente se suelen utilizar para medir temperaturas de objetos sólidos que superan los 500 ºC.

 Nota

La ventaja principal de los pirómetros es que pueden utilizarse para la medición de temperaturas tremendamente altas, gracias a que no es necesario poner en contacto directo el instrumento con el objeto sobre el que se va a realizar la medición.

Existen tres tipos de pirómetros distintos en función de su sistema de medición de temperatura:

- **Pirómetros de radiación:** miden el índice de emisión de energía por unidad de área, en una gama relativamente ancha de longitudes de onda.
- **Pirómetros ópticos:** constituyen sistemas de visión de alta temperatura y vídeopirometría. Son muy utilizados en industrias donde el control de la temperatura es crítico para conseguir productos de alta calidad.
- **Pirómetros de infrarrojos:** permiten la medida de la temperatura de forma rápida y precisa sobre elementos de difícil acceso, en movimiento o rotación, o expuestos a tensiones eléctricas importantes.

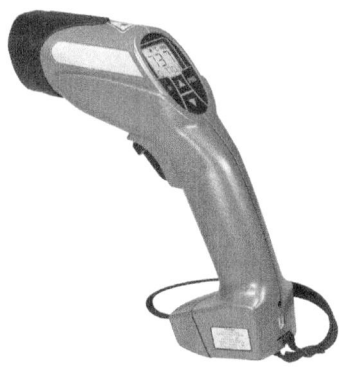

Pirómetro

Instrumentos de termometría

Los instrumentos de termometría son todos aquellos instrumentos que se utilizan para la medición de la temperatura de cuerpos o sistemas.

Definición

Termometría
Parte de la termología (parte de la física que trata de los fenómenos en que interviene el calor o la temperatura) que trata la medición de la temperatura.

En general, los instrumentos de termometría basan su funcionamiento en fenómenos como las variaciones de volumen o estado que experimentan los cuerpos o la variación de resistencia de conductores o semiconductores.

El principal instrumento de termometría es el termómetro. Su funcionamiento se basa en la propiedad de dilatación de los cuerpos al aumentar su temperatura y en el Principio Cero de la termodinámica.

Nota

El Principio Cero de la termodinámica dice que, si se ponen en contacto dos cuerpos con diferente temperatura durante un tiempo, ambos alcanzarán la misma temperatura. Si, después, se pone en contacto un tercer cuerpo con los dos primeros, también cambiarán la temperatura hasta volver a alcanzar la misma temperatura los tres cuerpos. Este principio se puede enunciar también diciendo que si un cuerpo A está en equilibrio térmico con un cuerpo B y un cuerpo C está en equilibrio térmico con el cuerpo B, entonces los cuerpos A y C también estarán en equilibrio térmico. Por tanto, si un sistema está en equilibrio térmico con otros dos, esos dos estarán, a su vez, en equilibrio térmico también.

Tipos de termómetro

Existen diversos tipos de termómetro, cuya utilización dependerá de la aplicación de la que se trate. A continuación, se analizarán los principales para poder tener una visión general de la evolución que ha tenido este instrumento de medición.

En principio, se puede hacer una primera clasificación general de los termómetros en función de los datos que registran o miden:

- **Termómetros convencionales:** miden valores de temperatura puntuales.
- **Termómetros diferenciales:** permiten medir diferencias pequeñas de temperatura.
- **Termómetros de máxima:** dejan registrada la temperatura máxima.
- **Termómetros de mínima:** dejan registrada la temperatura mínima.

 Sabía que...

Los termómetros de vidrio funcionan con mercurio y actualmente está prohibida la fabricación, comercialización y utilización de los termómetros de mercurio en la Unión Europea.

Hasta hace pocas décadas, los termómetros utilizados en la industria y en los laboratorios eran de vidrio o bimetálicos. Ambos se basan en la expansión térmica para medir la temperatura. Sin embargo, estos dos tipos de termómetros no ofrecen una gran precisión ni un amplio rango de medida, exigido en algunas actividades.

 Nota

Los termómetros de gas suelen utilizar nitrógeno.

También existen **termómetros de gas.** En el caso de usos industriales, son termómetros que constan de un elemento medidor de la presión conectado por un tubo capilar a una ampolla que se expone a la temperatura que se ha de medir. Basan su funcionamiento en los cambios de presión que sufre un gas al cambiar la temperatura si su volumen se mantiene constante. Su principal desventaja es que el tiempo de respuesta es largo.

Como alternativa, surgieron, entre otros, los termómetros **electrónicos,** cuyas ventajas son:

- Ofrecer una precisión muy alta.
- Ser seguros.
- Ofrecer una gran versatilidad de cara a los procesos industriales y los análisis en laboratorios.
- Ser resistentes a esfuerzos mecánicos.
- Funcionar incluso en condiciones ambientales adversas.
- Utilizar sensores de pequeño tamaño que permiten ser utilizados en áreas reducidas.
- Tener una velocidad de respuesta mayor que otros tipos de termómetros.
- Permitir la memorización de las medidas realizadas para posteriores comparaciones y controles.

Un dato a destacar de los termómetros es su velocidad de respuesta, puesto que existen procesos en los que se producen reacciones que hacen cambiar los valores de temperatura de forma rápida, exigiendo su continuo control.

Antes, los termómetros eran analógicos, pero actualmente se incorporan indicadores digitales y esto permite conseguir resoluciones de 0,1 ºC.

Los termómetros de contacto son los que necesitan estar en contacto directo con la superficie sobre la que se ha de realizar la medición para tomar la medida. Existen otros termómetros, que son denominados **termómetros de resistencia.** Basan su funcionamiento en el principio de que la resistencia eléctrica de los conductores metálicos aumenta al crecer la temperatura.

 Nota

Los termómetros de resistencia son muy precisos, permiten precisiones de hasta 0,001 ºC, gracias a que la resistencia puede medirse con mucha exactitud.

Los **termómetros o sondas termistor** son termómetros de resistencia que permiten obtener medidas de temperatura dentro de un campo limitado, pero con una muy alta precisión gracias a la sensibilidad del termistor.

 Definición

Termistor
Dispositivo sensor resistivo con semiconductores termosensibles cuya resistividad varía con la temperatura.

Existen, incluso, **termómetros por infrarrojos.** Su funcionamiento se basa en que cualquier objeto emite una energía en el espectro de las radiaciones infrarrojas. Poseen un sensor óptico que mide la energía térmica emitida por un objeto y, mediante un sistema de amplificación, conversión y monitorización, se visualizará el resultado de la medición en la unidad de medida adecuada.

 Sabía que...

Los orígenes de la medición de las radiaciones infrarrojas se remontan a la creación del prisma de Newton para la descomposición de la luz solar en los distintos colores del espectro visible y en energía electromagnética, aunque hasta 1800 no fue posible medir la energía relativa de cada color.

La principal ventaja de los termómetros de infrarrojos es que la medición se realiza sin que el instrumento esté en contacto con la pieza sobre la que se trabaja. Sin embargo, también presentan una desventaja y es que, si la superficie sobre la que se ha de medir la temperatura es reflectante, la precisión de la medida obtenida será menor.

5. Comprobación y medición de las cotas para fabricación de piezas y productos

En los últimos años, el desarrollo en la fabricación de piezas mecánicas ha avanzado mucho y lógicamente esto repercute en sus operaciones de montaje.

Se podría decir que, primero, tanto la fabricación como el ensamblaje se hacían de forma artesanal y el control de las medidas se tenía en un segundo plano y solo se realizaba en el caso de piezas más complejas o que debían realizar una función muy específica. Con el paso de los años, estos tipos de trabajos se fueron especializando, dando lugar a talleres en los que se fabricaba y ensamblaba en serie con piezas intercambiables, creando así la necesidad de controlar las medidas (metrotecnia).

En la actualidad, existe una gran cantidad de piezas con formas y tamaños distintos. Esto no solo da lugar a que exista gran cantidad de instrumentos de verificación, como los explicados con anterioridad, sino que, además, existan diferentes técnicas y procedimientos de medición para comprobar las cotas de las piezas y productos fabricados.

Y si se tienen en cuenta las tolerancias de montaje de los conjuntos, que cada vez son más exactos, o el acabado superficial de las piezas, se pueden llegar a tomar medidas de milésimas de milímetros, con lo que se necesitarían técnicas de medición muy específicas.

De todo esto se deduce la importancia que tiene la realización de las comprobaciones y verificaciones necesarias durante los procesos de fabricación de las cotas de las distintas piezas y productos.

 Importante

En un sistema industrial de producción y de intercambiabilidad de productos es fundamental garantizar que todas las cotas de una pieza se encuentran dentro de los límites de tolerancia y que las medidas efectuadas sean totalmente trazables con las efectuadas en cualquier otra fábrica del país o del mundo.

6. Hojas de verificación y control de piezas

Las hojas de verificación y control de piezas son una herramienta para controlar que las piezas fabricadas cumplen los requisitos especificados por el proyectista o diseñador.

Son hojas preparadas para la recogida de los datos necesarios, para así poder comprobar si los datos obtenidos cumplen las especificaciones correctamente. De este modo, es posible controlar la calidad de las piezas de forma eficaz.

Nota

Una hoja de verificación, de control o de registro es un impreso (con formato de tabla, por ejemplo) destinado a registrar y compilar datos mediante un método sencillo y sistemático.

Las hojas de verificación y control sirven principalmente para tomar ordenadamente los datos necesarios para inspeccionar, verificar y examinar las piezas y localizar defectos o errores. Tienen un papel fundamental de cara a la mejora de la calidad.

El control de las piezas se debe realizar:

- Al inicio de cada turno.
- Tras realizar un cambio de herramienta.
- Después de que se produzca un cambio de tipo, modelo o pieza a fabricar.
- Tras la puesta a punto de las máquinas herramientas.

La elección de las piezas a controlar se hace de forma estadística. El control estadístico se realiza en función del tipo y del coste de la pieza.

Ejemplo

- El control funcional se puede realizar en una de cada veinticinco piezas fabricadas.
- El control dimensional (calibre P-NP) del mismo tipo de pieza se puede realizar en una de cada veinticinco unidades fabricadas.
- El control en sala de metrología se puede realizar, por ejemplo, en una de cada dos mil quinientas piezas fabricadas.

Tras rellenar las hojas de verificación y control, estas serán estudiadas y analizadas para obtener conclusiones y pueden servir incluso para obtener representaciones gráficas en forma de diagramas, entre otras cosas.

7. Resumen

A lo largo de este capítulo se han expuesto los distintos instrumentos de medida y verificación más utilizados durante las operaciones de control de los procesos de fabricación y de las piezas fabricadas a lo largo de su desarrollo.

Para obtener piezas de calidad es fundamental llevar a cabo el control adecuado de las mismas mediante procesos de verificación y medición.

Uno de los datos principales que se ha de vigilar en los procesos de fabricación es el cumplimiento de cotas y tolerancias de las piezas con respecto a lo establecido por el proyectista o diseñador.

El control y la medición de piezas permite detectar cualquier problema o fallo en el proceso de producción de forma rápida, disminuyendo costes provocados, por ejemplo, porque después de producir una gran cantidad de piezas en serie estas no cumplan sus características y, por tanto, sus funciones, teniendo que ser desechadas o volver a ser mecanizadas. De ahí la gran importancia de llevar un control exhaustivo y adecuado del producto, realizando las verificaciones y mediciones correspondientes.

Ejercicios de repaso y autoevaluación

1. Indique la información que se ha de especificar en el procedimiento de medida.

_____
_____
_____
_____

2. ¿Quién es el metrólogo?

_____
_____

3. Complete los huecos de las siguientes oraciones con la palabra adecuada.

   a. El metro sirve para realizar la medición _____ de la longitud.
   b. El micrómetro también es conocido con el nombre de _____.
   c. El asiento fijo o _____ de un micrómetro es la base fija sobre la cual se apoya la pieza a medir.

4. Indique el valor de la lectura que está midiendo el micrómetro de la imagen.

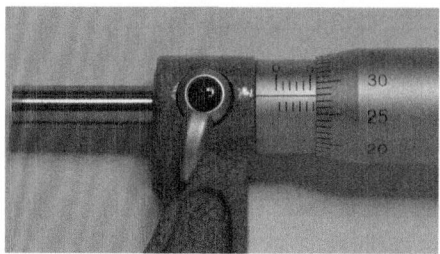

5. **Relacione el tipo de paso del tornillo con la unidad de medida correspondiente.**

   a. Paso métrico.
   b. Paso Whithworth.

   ___ Pulgadas.
   ___ Milímetros.

6. **¿Cómo se denomina la parte del pie de rey que se señala en la siguiente imagen?**

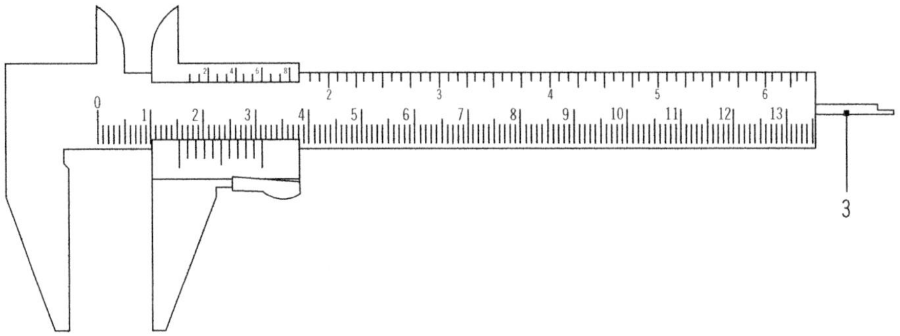

7. **Defina el término nonio.**

   _____
   _____
   _____
   _____

8. **De las siguientes afirmaciones, diga cuál es verdadera o falsa.**

   a. Existen columnas de medición multifunción que permiten medir alturas, diámetros, distancias, perpendicularidad, rectitud, etcétera.

      ☐ Verdadero
      ☐ Falso

b. El goniómetro permite realizar la medición indirecta de ángulos.

☐ Verdadero
☐ Falso

c. Los instrumentos comparadores son instrumentos de medida directa.

☐ Verdadero
☐ Falso

9. ¿Para qué se utilizan los pirómetros?

_____
_____
_____
_____

10. Complete los huecos del siguiente texto con la palabra adecuada.

En un sistema _____ de producción y de intercambiabilidad de productos es fundamental garantizar que todas las _____ de una pieza se encuentran dentro de los límites de _____ y que las medidas efectuadas sean totalmente trazables con las efectuadas en cualquier otra fábrica del país o del _____.

Capítulo 3

Realización de operaciones básicas de control de calidad

Contenido

1. Introducción

La calidad es un conjunto de propiedades inherentes a un objeto que le confieren capacidad para satisfacer necesidades implícitas o explícitas.

Para garantizar la calidad de determinados procesos o productos, es necesario basarse en los resultados obtenidos a través de los procedimientos de medición y verificación. De este modo, a través de operaciones básicas de control, se establece la calidad de una pieza.

Dentro de la calidad de una pieza, hay que considerar tanto su calidad dimensional como su calidad superficial.

Para llevar a cabo las operaciones necesarias, será necesario que el operario sepa cómo actuar y conozca tanto las piezas a controlar como los instrumentos a utilizar.

Mediante el registro de los resultados de las operaciones de control, será posible obtener las conclusiones necesarias para evitar la aparición de los posibles defectos.

2. Comprobación y verificación de acabados (desbarbado, pulido, tratamientos superficiales, etc.)

El acabado es un proceso empleado en la fabricación mecánica cuyo fin es obtener una terminación en la superficie de un producto con unas determinadas características.

Antiguamente, al acabado se le tenía en un papel secundario a la hora de la fabricación de piezas mecánicas, ya que lograr una buena apariencia en una pieza fabricada artesanalmente necesitaba mucha dedicación, con el consiguiente encarecimiento del producto.

En la actualidad, al acabado se le da un papel primordial en la mayoría de los casos, ya que el nivel de exigencia desde un punto de vista estético suele ser decisivo a la hora de comprar dos productos similares.

Por tanto, cuando se habla de comprobación y verificación de acabados, se refiere a la comprobación y verificación de la calidad superficial de las piezas y objetos tras su proceso de fabricación. Para ello, se estudiará el acabado superficial de la pieza mediante la medición de su rugosidad, ondulación y orientación.

 Nota

El estudio de la geometría de una pieza se puede dividir en: macrogeometría (encargada de las dimensiones y las formas) y microgeometría (orientada al acabado superficial).

Un correcto acabado superficial va a influir en el aspecto y la estética de la pieza, en su limpieza y en su funcionalidad, con mayor o menor precisión. En algunas ocasiones, el acabado puede ser utilizado con el fin de que una pieza tenga unas cotas dimensionales específicas, por ejemplo.

La calidad superficial afecta al coeficiente de rozamiento de la pieza, a su capacidad de lubricación y a la resistencia al desgaste y a la fatiga.

 Importante

El aumento de la calidad superficial va ligado al aumento del coste de fabricación. Por ello, es necesario llegar a una situación de compromiso entre lo que se puede conseguir y lo que realmente se necesita, es decir, entre el coste y los requisitos.

Cuando el acabado superficial es importante y está recogido, como sucede normalmente, en los planos y el proyecto de las piezas a fabricar, es necesario realizar las comprobaciones y verificaciones que garanticen que se está cumpliendo dicho aspecto.

El acabado superficial determina la textura de la pieza, que está compuesta por las desviaciones de su superficie. Se pueden distinguir varios rasgos identificativos:

- **Rugosidad:** pequeñas desviaciones que se encuentran en la superficie y están condicionadas por las propiedades del material y su proceso de fabricación. La rugosidad se puede medir, siendo la medida más empleada para definir la textura de una superficie.

CLASES DE RUGOSIDAD		
Designación	Ra (μm)	Acabado
N12	50	Buen acabado sin
N11	25	mecanizar
N10	12,5	Desbastado
N9	6,3	
N8	3,2	Afinado
N7	1,6	
N6	0,8	
N5	0,4	Refinado
N4	0,2	
N3	0,1	
N2	0,05	Súper acabado
N1	0,025	

- **Ondulación:** desviaciones de mayor tamaño que las que componen la rugosidad y que surgen como consecuencia de la deformación de una pieza, ya sea por la fatiga en el trabajo, deformaciones, dilataciones térmicas, etc.
- **Orientación:** es la consecuencia del proceso de mecanizado de la pieza. Al confeccionar la superficie, generalmente se utilizan aparatos de corte

o abrasivos, los cuales dejan un sentido u orientación marcado. A esto también se le denomina sentido de la rugosidad.

 **Definición**

Textura superficial
Desviaciones aleatorias o repetitivas de la superficie geométrica que constituyen la topografía tridimensional de la superficie, incluyendo rugosidad, ondulación, dirección de las irregularidades, imperfecciones superficiales y desviaciones de forma.

SÍMBOLO DEL ORIENTACIÓN	PATRÓN DE LA SUPERFICIE	DESCRIPCIÓN
═		La orientación es parelela a la línea que representa la superficie para la cual se aplica el símbolo.
⊥		La orientación es perpendicular a la línea que representa la superficie para la cual de aplica el símbolo.
✕		La orientación es angular, en ambas direcciones, a la línea que representa la superficie para la cual se aplica el símbolo.
M		La orientación es multidireccional.
C		La orientación es circular con respecto al centro de la superficie para la cual se aplica el símbolo.
R		La orientación es aproximadamente radial con respecto al centro de la superficie para la cual se aplica el símbolo.
R		La orientación está en forma de partículas, no direccional o protuberante.

Aplicación práctica

Imagine que ha de supervisar una pieza que se ha fabricado en su taller y en el plano se le indica que la rugosidad es N8 con orientación C. Al llevar a cabo las operaciones de control necesarias, detecta que el acabado que se le ha dado a las piezas es una rugosidad refinada y una orientación radial con respecto al centro de la superficie, ¿sabría sacar las conclusiones adecuadas al respecto y decir si se realizó el mecanizado correctamente?

SOLUCIÓN

Las operaciones de fabricación no se han hecho correctamente, puesto que N8 corresponde a un acabado afinado con rugosidad de 3,2 μm y se ha aplicado una rugosidad menor, es decir, un acabado superficial más perfecto, lo que conlleva un incremento económico innecesario.

Por otro lado, la orientación especificada en el plano es circular y se ha aplicado una orientación radial.

Por tanto, esta pieza no sería válida, puesto que no cumple las especificaciones del proyecto.

2.1. Comprobación y verificación de la rugosidad

Principalmente, las comprobaciones y verificaciones del acabado de las piezas, desde el punto de vista metrológico, se centran en su rugosidad. Si esta no es la correcta o la identificada por el proyectista o diseñador, habrá que someter la pieza a un proceso de mecanizado destinado al acabado superficial, como puede ser el desbarbado o el pulido. Tras estos procesos de acabado superficial, se deben realizar las comprobaciones y verificaciones pertinentes que aseguren la idoneidad de dicho acabado.

 Nota

La rugosidad, generalmente, va acompañada de su correspondiente tolerancia micrométrica.

En general, los equipos para la medición de la rugosidad superficial se pueden clasificar en:

- **Rugosímetros con palpador:** son los más utilizados.
- **Equipos sin palpador:** dentro de ellos se pueden distinguir:
- **Equipos láser** (realmente existen equipos láser con o sin palpador).
- **Rugotest:** consisten básicamente en comparar la rugosidad con una serie de muestras calibradas a través de un instrumento con comparador. Permiten obtener simplemente una idea intuitiva.
- **Brillómetros:** se basan en la equivalencia entre las características de brillo y las de rugosidad de los materiales. Son equipos sencillos y baratos, pero se necesita conocer exactamente el material y sus tratamientos. Su principal ventaja es que pueden emplearse incluso en superficies blandas, ya que no necesitan estar en contacto directo con la superficie.

 Sabía que...

Una superficie perfecta verdaderamente no existe. Por perfecta que parezca una pieza siempre presenta rugosidad en su superficie originada por su proceso de fabricación.

Existen otros métodos, como cubrir la superficie de una pieza con una película de alto brillo, como un aceite mineral, y luego reflejarlo en una plantilla. La rugosidad se revelaría por la falta de continuación o irregularidades reflejadas.

 Nota

Este método no permite hacer una medición precisa.

Rugosímetros

La rugosidad de una superficie se puede medir mediante aparatos llamados rugosímetros. Estos aparatos son electrónicos y de gran precisión.

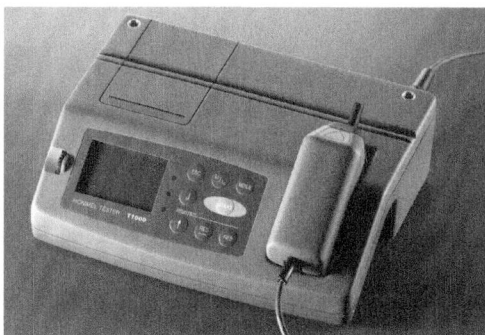

Rugosímetro

Los rugosímetros electrónicos de palpador móvil son equipos de medida de rugosidad que funcionan de forma que una aguja palpadora recorre la pieza y amplifica las irregularidades encontradas.

Estos aparatos indican la profundidad de la rugosidad medida (R_a), que se expresa en micras, y la profundidad de la rugosidad media de una superficie (R_z).

 ## Nota

Generalmente, se emplea el parámetro de medida Rz5, que es el resultado de la medición de cinco longitudes de muestra consecutivas.

Aplicación práctica

Imagine que necesita medir con precisión la rugosidad de una superficie blanda y delicada, pero no conoce exactamente de qué material se trata ni los tratamientos que se han llevado a cabo sobre ella, ¿qué instrumento utilizaría?

SOLUCIÓN

Al tratarse de una superficie blanda y delicada, es necesario utilizar un instrumento que funcione sin necesidad de estar en contacto directo con la superficie sobre la que se ha de trabajar.

Sin embargo, hay que destacar los brillómetros, puesto que no se conoce el material del elemento a estudiar ni los tratamientos que a este se le han dado.

Teniendo en cuenta que también es necesario que sea un instrumento de precisión, el instrumento más idóneo sería un rugosímetro láser.

3. Medición de piezas, productos y comprobación de estándares de calidad

Es fundamental que el metrólogo realice las mediciones de las piezas y productos fabricados para comprobar la exactitud de sus medidas de acuerdo con las medidas y tolerancias establecidas o determinadas en los planos.

Recuerde

Es muy importante respetar las tolerancias indicadas de un conjunto.

Para llevar a cabo estas mediciones, es necesario conocer los equipos de medida, saber manejarlos y conocer sus cualidades, para poder elegir el más adecuado en cada tipo de trabajo.

Además del conocimiento de los equipos, debe cuidarse su calibración para que sea siempre correcta y se pueda conseguir así un control de calidad de los productos sin errores, evitando pérdidas económicas.

Hay que tener presente que el objetivo de cualquier instrumento de medida o sistema de medición es facilitar un valor numérico correspondiente a la variable que se mide, pero, para facilitar dicho valor, existen una serie de dispositivos entre la pieza a medir (valor verdadero de la variable) y el resultado final de la medición (valor de salida, valor medido). Este conjunto de dispositivos constituyen la **cadena de medición,** que suele estar compuesta por los siguientes elementos:

- **Captador:** es el encargado de tomar la señal de entrada y transformarla en una señal capaz de entrar al siguiente elemento.
- **Amplificador:** sistema de amplificación cuya misión es hacer que la señal de salida tenga unas características tales que pueda ser leída sin dificultad, ya que normalmente la señal de medida tomada por el captador es demasiado pequeña.
- **Receptor e indicador:** el receptor es un transductor que transforma la señal amplificada en una salida accesible a los sentidos del operador y el indicador, u órgano de lectura, permite el acceso al resultado final de la medida.
- **Registrador:** permite conservar los resultados de la medición de forma gráfica, por ejemplo.

En cuanto a los estándares de calidad, hay que destacar que definen el rango en el que resulta aceptable el nivel de calidad que se alcanza en un determinado proceso, es decir, determinan el nivel mínimo y máximo aceptable para un indicador concreto.

 Nota

Los estándares de calidad son normas y protocolos que deben cumplir los productos de cualquier índole para su distribución.

A través de la medición de las piezas, es posible comprobar si estas cumplen con los estándares de calidad establecidos, para así poder certificar la calidad del producto y del proceso.

3.1. Metrología legal y cadena de trazabilidad

Es importante destacar el concepto de metrología legal en este apartado por su influencia sobre la obtención de mediciones de calidad.

 **Definición**

Metrología legal
Trata de las unidades, métodos e instrumentos de medida en lo que respecta a las exigencias técnicas y jurídicas reglamentadas.

El objetivo de la metrología legal es asegurar la garantía pública desde el punto de vista de la seguridad y de la precisión conveniente en las mediciones.

Los países desarrollados poseen una estructura metrológica cuya filosofía se basa en que, para asegurar la garantía de cualquier bien, no solo es necesaria la precisión en la medida, sino también la coordinación de la misma. Estas estructuras permiten, por ejemplo:

- Coordinar los laboratorios de cada país con su Laboratorio Nacional de Metrología.
- Coordinar el Laboratorio Nacional de Metrología con sus homónimos de otros países.
- Calibrar los aparatos y equipos del país a través de una cadena que comienza en el Laboratorio Nacional.
- Establecer las referencias metrológicas necesarias para el cumplimiento de los fines de la metrología legal a nivel internacional.

Es importante tener claros los niveles en la cadena de trazabilidad:

1. Bureau Internacional de Pesas y Medidas (BIPM): organismo que toma las decisiones de más alto nivel internacional. Es el encargado de promover y coordinar las comparaciones entre Institutos Nacionales de Metrología y de obtener, conservar y desarrollar los patrones internacionalmente aceptados.
2. Instituto Nacional de Metrología (INM): máxima autoridad metrológica en un país.
3. Laboratorios de Calibración Acreditados: forman una red que se encarga de garantizar la trazabilidad a todas las empresas y laboratorios que utilizan equipos de medida en sus procesos.
4. Laboratorios de ensayo, laboratorios de empresas y servicios de metrología legal: son el último eslabón de la cadena de trazabilidad. Se responsabilizan de que los instrumentos de medida de la entidad a la que pertenecen se encuentren perfectamente calibrados.

 Definición

Trazabilidad
Facultad de un elemento, servicio o proceso para realizar una función requerida bajo las condiciones establecidas, durante un tiempo determinado. Generalmente, se expresa por un número que indica la probabilidad de que se cumpla esta característica.

4. Procesos de verificación, control de medidas y especificaciones de fabricación

Realizar una verificación en un componente mecánico consiste en determinar si cumple con una norma o patrón establecido. Este término incluye también su medición y comparación con otro en caso necesario.

 **Recuerde**

La verificación dimensional se puede definir como el conjunto de medidas realizadas a una pieza u objeto, tanto longitudinales como angulares.

Teniendo en cuenta los tipos de mediciones que se pueden realizar, en un conjunto se pueden distinguir los siguientes subgrupos:

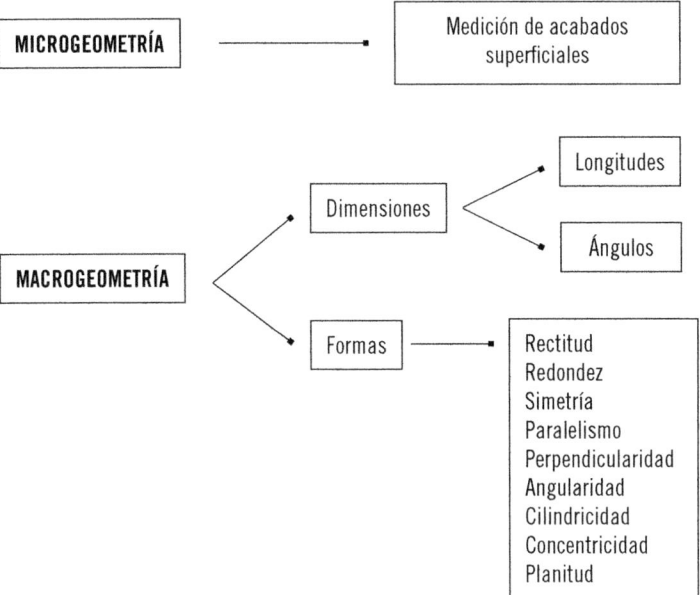

Las operaciones que forman parte de los procesos de verificación y control de medidas y especificaciones de fabricación dan garantía de todo el proceso de fabricación y montaje de las piezas y conjuntos, desde su materia prima hasta el producto final, entendido como el conjunto una vez ensamblado y terminado.

Para poder realizar mediciones de conjuntos mecánicos, hay que conocer los sistemas de medidas empleados, así como la forma en la que se puede realizar la medición. Para ello, por tanto, hay que tener conocimientos en metrología.

Por tanto, los procesos de verificación y control de medidas están enfocados a garantizar que las piezas y conjuntos fabricados cumplen las especificaciones establecidas en el proyecto correspondiente, garantizado su intercambiabilidad y su correcto funcionamiento. De ahí la importancia de los controles y prácticas metrológicas en cualquier proceso de fabricación.

5. Detección de defectos y cumplimentación de hojas de incidencias

Los procesos de medición y control llevados a cabo durante o tras las operaciones de fabricación y montaje de piezas y conjuntos mecánicos van enfocados precisamente a la detección de defectos para garantizar una producción de calidad, respetando las especificaciones requeridas por el proyecto.

Durante estos procesos de medición, verificación y control, se utilizan instrumentos más o menos exactos en función del tipo de medición a realizar, ya que, para detectar una posible anomalía, habrá que comparar las mediciones realizadas con las medidas requeridas, teniendo en cuenta las tolerancias admitidas.

5.1. Concepto de incertidumbre o error de medición

Se puede definir la incertidumbre de una medida como el valor dentro de un intervalo, generalmente simétrico, en el que se encuentra, con una alta probabilidad, el valor verdadero de la magnitud medida.

 Ejemplo

Si un trabajador tiene que determinar el valor de una medida realizada con un micrómetro milesimal y realiza la medida en más de una ocasión, en tal caso, dada la precisión del instrumento de verificación, puede resultar que en cada medición se obtenga un resultado distinto, por ejemplo: 11,872 mm y 11,874 mm.

Se puede establecer que la medición oscilará entre una medida superior y otra inferior. O lo que es lo mismo, el resultado de la medida con su incertidumbre sería:

L = 11,873 ± 0,001 mm

En este caso, el margen o tolerancia es muy pequeño, por lo que la medición sería correcta y se podría definir con la cifra:

L = 11,873 mm

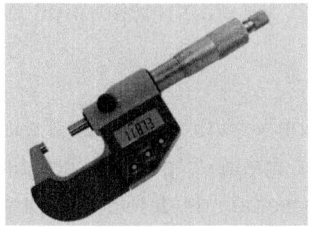

Si se realizan mediciones con aparatos de verificación muy precisos, el resultado de la medida de una magnitud se expresaría de la siguiente forma:

$$M = m \pm u$$

El valor de una magnitud (M) es la resultante del valor más probable de la magnitud (m) y la incertidumbre de la medida (u).

$$m - u < M < m + u$$

Sabía que...

Dado el concepto de incertidumbre, en metrología no se consideran valores verdaderos, sino más probables.

Aplicación práctica

Imagine que ha de realizar dos mediciones del peso de una determinada pieza y con el peso que utiliza obtiene una primera medida igual a 3,105 g y una segunda medida igual a 3,109 g, ¿sabría determinar el valor de la medida con su incertidumbre correspondiente?

SOLUCIÓN

Sí, sería:

3,107 ± 0,002 g

Causas de incertidumbre

Las causas de incertidumbre pueden ser debidas a los aspectos que se describen a continuación.

El instrumento de medida

Por muy preciso que sea, un instrumento de medición presentará imperfecciones debido a su diseño y fabricación (planitud, paralelismo, concentricidad, grabado de las escalas, piezas de contacto interiores, levas, etcétera) o al desgaste del instrumento, ya sea interiormente o de las piezas de contacto con la pieza a medir, como pueden ser los palpadores.

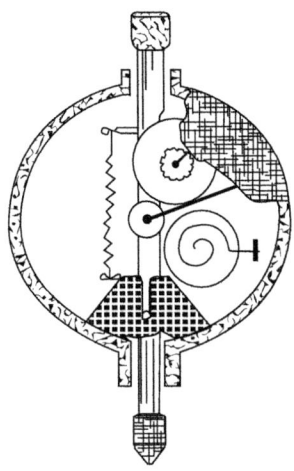

El instrumento de medición siempre presenta imperfecciones.

 Nota

Las incertidumbres producidas por un instrumento no deben ser superiores a la décima parte de su escala.

El operador o el procedimiento de realización de la medición

Estas incertidumbres suelen ser causadas por el operador que realiza la medición. Las más usuales son debidas a errores de lectura causados por el mal paralaje de la escala de medición del instrumento o por el mal posicionamiento de la pieza a medir, no alineándola correctamente con el instrumento de medición.

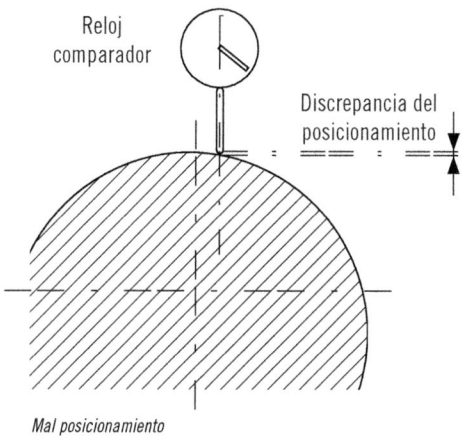

Mal posicionamiento

La pieza o la magnitud de medida

En realidad, las piezas siempre tienen pequeñas imperfecciones (de forma, de deformación o de estabilización o envejecimiento), de forma que pueden dar lugar a un error en la medición. Para evitar estas incertidumbres, lo ideal es realizar varias mediciones.

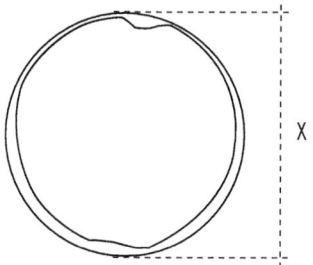

Las piezas siempre tienen pequeñas imperfecciones.

Las condiciones ambientales

Son producidas por causas externas al proceso de medición, pero con la influencia de agentes ambientales, como la temperatura, se producen dilataciones en los elementos metálicos, tanto de las piezas como de los instrumentos de medición, que pueden dar lugar a diferencias y desviaciones en la medición.

 Importante

La temperatura de referencia de carácter general para realizar las mediciones en laboratorios es de 20 ºC.

Además de por la temperatura, pueden ser causadas por otros agentes exteriores, como la humedad, la presión atmosférica, el polvo y la suciedad, las vibraciones y las corrientes de aire, entre otros.

5.2. Anomalías más usuales

A través de la correcta utilización de los instrumentos de medición y verificación y del correspondiente análisis de los resultados, el metrólogo podrá determinar si una pieza es válida o no, es decir, si cumple con los requisitos establecidos previamente.

 Recuerde

Además del conocimiento de los equipos, debe cuidarse su calibración para que sea siempre correcta y se pueda conseguir así un control de calidad de los productos sin errores, evitando pérdidas económicas.

A continuación, se van a identificar las anomalías más usuales que se pueden encontrar durante los procesos de fabricación, mecanizado y montaje:

- Anomalías en roscas.
- Anomalías en soldaduras.
- Anomalías en superficies planas.
- Anomalías en superficies cilíndricas.

Anomalías en roscas

En lo que a roscas se refiere, la anomalía más usual es la rosca pasada. Esta anomalía está provocada generalmente por un mal encabezamiento de la tuerca o del tornillo, dando lugar a que los filos de la rosca no queden bien alineados y se pasen.

En ocasiones, este fenómeno también se puede producir por un exceso de apriete, dando lugar al desprendimiento de los hilos.

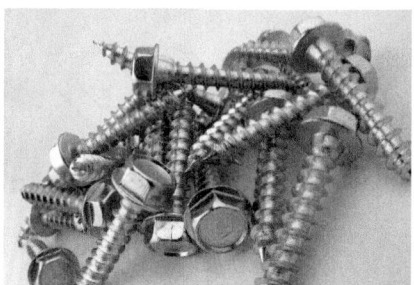

Desprendimiento de los hilos de una rosca

El procedimiento de reparación puede bastar con repasar la rosca con un macho o una terraja, según corresponda.

Sin embargo, en los casos en que se produzca desprendimiento de hilos, para su reparación, habrá que taladrar y realizar una rosca nueva.

Anomalías en soldaduras

Gran parte de las anomalías en soldaduras son provocadas por una mala elección del electrodo o una posición de soldadura incorrecta. No obstante, las anomalías más usuales son:

■ **Falta de penetración del material:** provocada por poca intensidad de regulación o por una separación excesiva del electrodo.

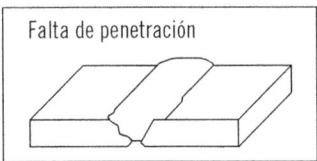

Falta de penetración

■ **Poros o grietas:** provocados por humedad en los electrodos, excesiva temperatura o falta de limpieza en las partes soldadas.

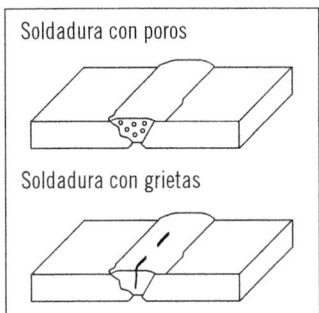

Soldadura con poros

Soldadura con grietas

■ **Mordeduras:** provocadas por mala aplicación del balanceo, intensidad de soldadura excesiva o electrodos demasiado gruesos.

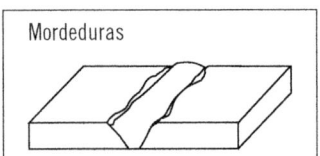

Mordeduras

- **Cordón irregular:** producido por un ángulo excesivo en la inclinación o excesiva intensidad de soldadura.

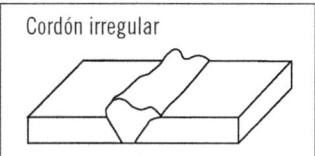

- **Perforaciones en el material:** provocadas por excesiva intensidad de soldadura, un electrodo demasiado grueso o una lenta velocidad de soldadura.

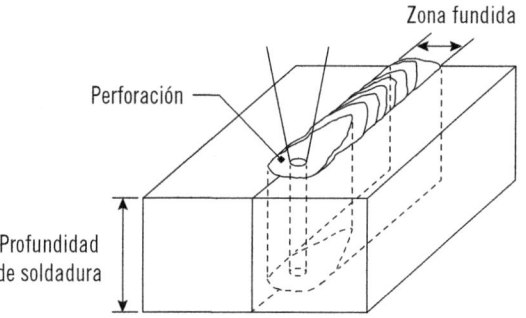

 Aplicación práctica

Usted es el responsable del control de calidad de una cadena de montaje y se da cuenta de que en las uniones de piezas soldadas aparecen poros en la soldadura.

¿Cómo debe actuar?

Tenga en cuenta los motivos por lo que salen poros en los cordones de soldadura.

El motivo más usual es la falta de limpieza, por lo que deberá verificar y cuidar este aspecto y, en caso necesario, transmitirlo a la persona responsable del proceso.

Anomalías en superficies planas

Las anomalías en superficies planas son debidas a un defecto de planitud. Este defecto puede ser debido a defectos de fabricación, desgaste o falta de material o bien por dilataciones provocadas por los efectos de las altas temperaturas sobre el material.

Estos defectos tienen gran importancia a la hora de realizar montajes y acoples entre piezas, ya que provocarán que la unión no sea completamente estanca.

 Ejemplo

Cuando un motor sufre un sobrecalentamiento excesivo, además de dañar la junta de culata, puede provocar defectos de planitud en la propia culata. En tal caso, es posible que se necesite realizar un rectificado de la misma.

Anomalías en superficies cilíndricas

Las anomalías en superficies cilíndricas son debidas a un defecto de cilindricidad. Este defecto también puede ser debido a defectos de fabricación, desgaste o falta de material. Normalmente, este tipo de superficies se emplea en conjuntos con piezas en movimiento, como rodillos, casquillos, etcétera.

La causa principal de este tipo de anomalías suele ser el desgaste, normalmente provocado por falta de engrase.

Defectos en superficies cilíndricas

 **Importante**

Hay que engrasar y lubricar las piezas adecuadamente.

5.3. Hojas de incidencias

Todos los defectos y anomalías detectados han de ser anotados y dejados por escrito en las llamadas hojas de incidencias.

Las hojas de incidencias son simplemente formularios o tablas, que admiten distintos formatos, donde se han de anotar todos los datos relevantes en cuanto a defectos detectados para poder ser analizados y rectificados por el operario encargado de ello.

 **Nota**

Las hojas de incidencias son de gran utilidad para llevar un control de los defectos que se van produciendo y poder ir reparando las piezas o elementos que presenten anomalías. Además, tras el análisis de los datos que se vayan recogiendo, es posible tomar las medidas necesarias para evitar que estos defectos continúen apareciendo.

HOJA DE CONTROL DE INCIDENCIAS

N°1 [_____]   FECHA DE DETECCIÓN: ____/____/_____

Falla: INTERNA 0   EXTERNA: 0

SOLICITANTE (SECCIÓN O CLIENTE) _____

CARACTERÍSTICAS: CANTIDAD _____ DE _____ ELEMENTOS.

DESCRIPCIÓN DE LA FALLA: _____

_____

_____

N° CONTROL FALLAS DE SECCIÓN: _____

FIRMA ENCARGADO SECCIÓN: _____

SECCIÓN (QUE RESUELVE FALLA): _____

N° CONTROL FALLA SECCIÓN: _____ FECHA ENTREGA: _____

NOMBRE ENCARGADO: _____ AL SOLICITANTE: _____

CLASIFIQUE LA FALLA: (marque con V° B°)

☐ DISEÑO MAL ESPECIFICADO   ☐ MAL SELLADO
☐ PLANOS, MUESTRA   ☐ SOLDADURA
☐ MALAS ESPECIFICACIONES DE LA O.T. ☐ ESPESOR
☐ INFORMACIÓN CONFUSA   ☐ EMBALAJE
☐ INFORMACIÓN ERRADA   ☐
☐ CLASIFIACIÓN DEL MATERIAL   ☐
☐ FALLA CALIDAD DEL MATERIAL   ☐
☐ INCOMUNICACIÓN   ☐
☐ MALA CALIBRACIÓN INSTRUMENTO   ☐

ANALICE EL FALLO: (si corresponde): _____

_____

_____

_____

Hoja de incidencias

6. Hojas de control, anotaciones y protocolos asociados

Para llevar a cabo controles de calidad en las operaciones de montaje de conjuntos mecánicos, se emplean hojas de control y anotaciones, también conocidas como hojas de registro.

Las hojas de control sirven para reunir información y clasificarla en distintas categorías mediante el registro correspondiente, realizado en forma de datos.

Es primordial que en la hoja se recopilen la mayor cantidad posible de datos relevantes para que, en caso necesario, puedan ser analizados. Lógicamente, es imprescindible que los datos recogidos reflejen la realidad, por lo que el operario que realiza las anotaciones debe conocer no solo los instrumentos con los que se están realizando las anotaciones, sino también el producto que se mide.

 Ejemplo

No basta con dominar el uso de un metro, sino que hay que conocer la pieza que se está midiendo para saber cuáles son sus cotas funcionales y medir todo lo necesario.

Las hojas de control y de anotaciones, generalmente, son impresos que se rellenan de forma manual y se suelen simplificar para evitar errores y ahorrar tiempo. Por ello, en muchas ocasiones, adoptan el formato de test, donde el operario únicamente tiene que ir realizando marcas en las casillas que correspondan. No obstante, en algunos casos, será necesario añadir algunas anotaciones aclaratorias adicionales. En estos casos, en aquellas hojas en las que haya que reflejar algún dato específico o algunas mediciones, aparecerán unos casilleros para que el operario haga las anotaciones oportunas ordenadamente.

Las hojas de control se realizan para determinar las siguientes funciones:

- Distribución de variables de variaciones de las piezas (tipo, medida, peso, etcétera).
- Verificación y chequeo (controles de mantenimiento).
- Clasificación de piezas o elementos defectuosos.
- Localización de defectos.
- Localización de las causas de los defectos.

Una vez determinadas las funciones que se van a registrar en la hoja de control, hay que dar respuesta, entre otras, a las siguientes cuestiones para poder realizar un análisis adecuado y conocer previamente la forma de actuar o las pautas generales a seguir:

- ¿Quién realizará la recogida de datos?
- ¿Con qué frecuencia se realizará dicha recogida de datos?
- ¿Cómo se recogerán los datos?
- Si la información recogida es cualitativa o cuantitativa.
- ¿Cómo se analizarán los datos?
- ¿Cómo se va a utilizar la información recopilada?

Los pasos básicos a seguir para elaborar una hoja de control y un método de trabajo en un taller de control de productos mecánicos son:

1. Identificar el conjunto o pieza al que hay que realizar el seguimiento.
2. Determinar los datos a recoger en la hoja de control.
3. Fijar la periodicidad de la recogida de datos.
4. Diseñar la hoja de control y anotaciones en consonancia con la cantidad de datos a recoger, el tipo de datos del que se trate, el operario que realiza el control, las fechas, etcétera.

Ejemplo

A continuación, se puede observar un ejemplo de hoja de control:

HOJA DE CONTROL

FECHA: 3 de Mayo de 2024   **Elaborado por:** Federico Huesca

Proceso: Control de peso   **Efectuado durante:** 2do. Turno

Característica a verificar: Engranajes de 25 g.

Intervalos o categorías	Check de verificación																Frecuencia
243-245	X	X	X														3
245-247	X	X	X	X	X												6
247-249	X	X	X	X	X	X	X										8
249-251	X	X	X	X	X	X	X	X	X	X	X	X	X	X	X	X	16
251-253	X	X	X	X	X												6
253-255	X	X	X														4
255-257	X																1
257-259	X																1
															Total		45

Observaciones: _____

_____

_____

En este ejemplo de hoja de control de peso de engranajes, se pueden observar dos partes:

1. Encabezado de la hoja de control, con los datos: fecha, persona que realiza el control, proceso y características a verificar.

2. *Check* de verificaciones obtenidas, donde el operario realiza marcas en forma de "X" en el casillero correspondiente.

Una vez rellena la hoja de control, queda registrada de forma que se pueden verificar e interpretar los datos o registros obtenidos.

 **Ejemplo**

Tras el análisis de los datos recogidos en la hoja de control del ejemplo anterior, se pueden determinar las siguientes conclusiones:

I Existen 16 engranajes de calidad óptima (los comprendidos entre 249 y 251 g).
I Existen 24 engranajes de buena calidad (los que tienen una masa de ±4 g respecto a los de calidad óptima).
I Existen 4 engranajes de mala calidad (los que tienen una masa de ±6 g respecto a los de calidad óptima).
I Existe 1 engranaje de calidad negativa (con una masa de ±7 g respecto a los de calidad óptima).

Con estos datos registrados y tras la realización del análisis correspondiente, se pueden obtener conclusiones que pueden servir de ayuda para determinar los motivos de que se produzcan piezas defectuosas, por ejemplo.

Ejemplo

En la siguiente tabla, se puede apreciar otro posible ejemplo de hoja de control que podría utilizarse en ensayos de verificación de la resistencia de determinadas piezas.

HOJA DE CONTROL DE ENSAYOS DE TRACCIÓN	
	CARACTERÍSTICAS A ENSAYAR
PARTIDA	VALOR RESISTENCIA A TRACCIÓN (N/mm²)
1	
2	
3	
4	
5	
6	
7	

En este caso, el operario encargado de realizar los ensayos deberá ir anotando el valor de la resistencia obtenido para, posteriormente, realizar el análisis correspondiente de los datos y poder extraer las conclusiones oportunas.

7. Resumen

Las operaciones de control de calidad tienen como objetivo último garantizar el cumplimiento de las especificaciones del proyecto, tanto en el acabado superficial de las piezas como en sus medidas y el resto de especificaciones de fabricación.

Además, permiten la detección de defectos y anomalías, haciendo posible, mediante el registro y análisis de los datos, la toma de decisiones y puesta en práctica de las medidas oportunas para eliminar su aparición, evitando gastos económicos importantes.

Es imprescindible establecer un criterio concreto y claro para llevar a cabo las operaciones de control de un determinado conjunto o de una determinada pieza.

El operario encargado de realizar las operaciones de control debe disponer de las hojas de control correspondientes y de toda la información y formación necesaria para llevar a cabo dichas operaciones.

Ejercicios de repaso y autoevaluación

1. **Complete los huecos de las siguientes oraciones con la palabra adecuada.**

   a. La _____ suele ser decisiva a la hora de comparar dos productos similares y decidirse por uno de ellos.

   b. Cuando se habla de comprobación y verificación de acabados, se habla de calidad _____.

   c. El estudio de la geometría de una pieza se puede dividir en macrogeometría (encargada de las _____ y las _____) y _____ (orientada al acabado superficial).

   d. La calidad superficial afecta al coeficiente de _____ de la pieza, a su capacidad de lubricación y a la resistencia al _____ y a la fatiga.

   e. El aumento de la calidad superficial va ligado al _____ del coste de fabricación.

2. **¿A qué se llama rugotest?**

   _____

   _____

   _____

   _____

3. **Relacione cada elemento de la cadena de medición con su definición correspondiente.**

Captador	Permite conservar los resultados de la medición.
Amplilficador	Transforma la señal amplificada en una salida accesible a los sentidos del operador.
Receptor	Es el órgano de lectura y permite el acceso al resultado final de la medida.
Indicador	Su misión es hacer que la señal de salida tenga unas características tales que pueda ser leída sin dificultad.
Registrador	Es el encargado de tomar la señal de entrada y transformarla en una señal capaz de entrar al siguiente elemento.

4. ¿Sobre qué trata la metrología legal? ¿Cuál es su objetivo?

_____
_____
_____
_____

5. De las siguientes afirmaciones, diga cuál es verdadera o falsa.

a. La verificación dimensional se puede definir como la facultad de un elemento, servicio o proceso para realizar una función requerida bajo las condiciones establecidas, durante un tiempo determinado.

☐ Verdadero
☐ Falso

b. Para poder realizar mediciones de conjuntos mecánicos, hay que tener conocimientos en metrología.

☐ Verdadero
☐ Falso

c. Los procesos de verificación y control de medidas están enfocados a garantizar que las piezas y conjuntos fabricados cumplen las especificaciones establecidas en el proyecto correspondiente, garantizado su intercambiabilidad y su correcto funcionamiento.

☐ Verdadero
☐ Falso

6. ¿Puede el instrumento de medida dar lugar a una incertidumbre de la medida? ¿Cómo y por qué?

_____
_____
_____
_____
_____
_____
_____

7. ¿Cuáles son las anomalías que se encuentran con mayor frecuencia durante procesos de fabricación, mecanizado y montaje?

_____

_____

_____

_____

8. Explique cuáles son las causas de la aparición de anomalías en roscas, concretamente la rosca pasada.

_____

_____

_____

_____

9. De las siguientes afirmaciones respecto a las hojas de incidencias, diga cuál es verdadera o falsa.

    a. Son hojas en blanco donde anotar cualquier aspecto que el operario vea oportuno.

        ☐ Verdadero
        ☐ Falso

    b. Permiten llevar un control de los defectos que se van produciendo.

        ☐ Verdadero
        ☐ Falso

    c. Simplemente son un registro, no es necesario su análisis y nunca se realizará.

        ☐ Verdadero
        ☐ Falso

10. Indique, de forma ordenada, los pasos básicos a seguir para elaborar una hoja de control y un método de trabajo en un taller de control de productos mecánicos.

_____

_____

_____

_____

Abreviaturas

A
Amperios.

AECC
Asociación Española de Control de Calidad.

BIPM
Bureau Internacional des Poids et Mesures. Oficina Internacional de Pesas y Medidas.

cd
Candela.

CEM
Centro Español de Metrología.

Hz
Hercio.

INM
Instituto Nacional de Metrología.

K
Kelvin.

kg
Kilogramos.

m
Metros.

mol
Mol.

N
Newton.

P-NP
Pasa-No Pasa.

rad
Radián.

s
Segundos.

SI
Sistema Internacional.

sr
Estereorradián, es una unidad derivada del SI que mide ángulos sólidos. Es el equivalente tridimensional del radián.

W
Vatios.

Bibliografía

Monografías

❚ GALLARDO Rodríguez, F. L.: *Técnicas de mecanizado y metrología.* Antequera: IC Editorial, 2023.

❚ LUQUE Romera, F. J.: *Máquinas, herramientas y materiales de procesos básicos de fabricación.* Antequera. IC Editorial, 2019.

❚ LUQUE Romera, F. J.: *Operaciones básicas y procesos automáticos de fabricación mecánica.* Antequera: IC Editorial, 2022.

❚ SANCHO Ródenas, J.: *Técnicas De Fabricación (Instalación y Mantenimiento).* Madrid: Editorial Paraninfo, 2022.

❚ SÁEZ Morón, E. y DE LAS HERAS León, M. E.: *Interpretación de planos en construcción.* Antequera: IC Editorial, 2010.

❚ SEVILLA Hurtado, L. y MARTÍN Sánchez, M. J.: *Metrología dimensional,* segunda edición. Málaga: Servicio de publicaciones Universidad de Málaga – manuales, 2011.

Textos electrónicos, bases de datos y programas informáticos

❚ Centro Español de Metrología, de: <https://www.cem.es/es>.